CEO给年轻人的人生经营课系列

成功不是偶然

史玉柱
给年轻人的8堂创业课

孙富鑫◎编著

海天出版社（中国·深圳）

图书在版编目 (CIP) 数据

成功不是偶然：史玉柱给年轻人的8堂创业课 / 孙
富鑫编著. — 深圳 : 海天出版社, 2016.4
（CEO给年轻人的人生经营课系列）
ISBN 978-7-5507-1523-3

Ⅰ.①成… Ⅱ.①孙… Ⅲ.①成功心理－青年读物
Ⅳ.①B848.4-49

中国版本图书馆CIP数据核字(2015)第284647号

成功不是偶然：史玉柱给年轻人的8堂创业课

CHENGGONG BUSHI OURAN : SHIYUZHU GEI NIANQINGREN DE 8 TANG CHUANGYEKE

出 品 人　聂雄前
责任编辑　张绪华
责任技编　梁立新
封面设计　元明·设计

出版发行　海天出版社
地　　址　深圳市彩田南路海天大厦(518033)
网　　址　www.htph.com.cn
订购电话　0755-83460239（邮购）0755-83460202（批发）
设计制作　蒙丹广告0755-82027867
印　　刷　深圳市希望印务有限公司
开　　本　787mm×1092mm1/16
印　　张　14.75
字　　数　165千
版　　次　2016年4月第1版
印　　次　2016年4月第1次
定　　价　39.00元

在中国 30 多年的改革浪潮中，史玉柱无疑是这个时代最具传奇色彩的企业家之一。

最成功的失败者：从巨人汉卡到巨人大厦，从脑白金到黄金搭档，巨人史玉柱，从未倒下！最独特的创业：从最年轻的富豪沦为"中国首负"，从隐姓埋名到纽交所高调演绎规模最大的中国民企，直至万众齐呼"中国股神"。怪异的营销：二十几年打造出"保健品＋网络＋投资"三驾马车，却甘愿在营销心得间笑谈"中国最差广告"之名。资深的坏人：即使享受着"营销大师"的美誉，开创了中国网游新模式，却在最恶俗的质疑声中无奈自嘲"我是一个资深坏人"、富有的屌丝。本已高居全球富豪名榜，却抢先隐退甘愿以屌丝沾沾自喜，为"每个粉丝一元"的承诺辛勤刷新。

如果说经商是一场精彩而又刺激的网络游戏，史玉柱则是玩了一把"大翻盘"。从一穷二白的创业青年，到全国排名第 8 位的富豪，随后成为负债 2.5 亿元的"全国最穷的人"，再到身价 500 亿元的"资本家"。在位居富豪榜前列时，史玉柱却一身轻便，急流勇退，又回归于"屌丝"生活。

失败这个词对于史玉柱来说，意义非常巨大。史玉柱最大的资本不是他的财富，不是他的股票，而是惨败之后的东山再起，而是以常人难有的勇气完成的人生大逆转。商海沉浮，史玉柱起死回生，再造奇迹，为无数年轻人高高地竖起了一面精神旗帜。

任何人都无法躲避失败。成功之人的成功之处，很大部分就在于如何对待失败。史玉柱曾这样说："当巨人一步步成长壮大的时候，我最喜欢看的是有关成功者的书；在巨人跌倒之后，我看的全是有关失败者的书，希望能从中寻找到爬起来的力量。"

史玉柱独特的商业禀赋：发现能力、创造能力、市场感觉、营销手段等等，使他成为中国改革开放 30 年来少有的商业人物。但令人遗憾的是，这样一个商业"奇才"，却把自己定位于一个商业"玩家"。那些功成名就的朋友，马云、郭广昌、王中军、陈峰……同样在寻求类似"人生的修炼"，有的参禅，有的礼佛，他却以一个"散仙"的姿态身处其中。对他来说，大部分和名利相关的杂念在惨痛的 1997 年之后就被抛弃了，"玩"就是他的修炼。

20 多年过去了，在商场上，史玉柱不再狂热，不再急功近利。事实上，虽然他不爱说话，但是"讲的每一句话都能拉一条标题"。如今，他把真实的自己放在了游戏里，在游戏里他不用收敛锋芒。可以"自由自在地当个独行侠"。

本书结合史玉柱的传奇经历，深刻剖析在每一个关键时刻、每一个人生的岔路口，他是如何把握的。更为重要的是，本书也是史玉柱对年轻人人生之路的悉心指点。相信你如果认真阅读这本书，不仅可以吸收史玉柱的人生智慧，还可以秒杀人生路上的各种迷惘，成就一个更好的自己！

本书没有深奥的理论，铅华洗尽、朴实无华，在轻描淡写之间，为正在奋斗的年轻人、想要创业的满怀理想的人提供了榜样式的引导。

○目录

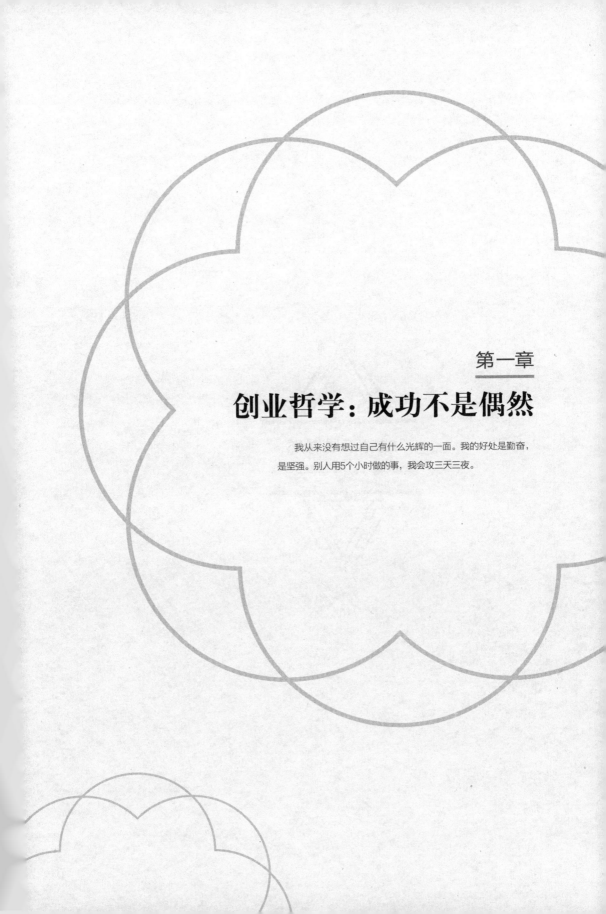

第一章

创业哲学：成功不是偶然

我从来没有想过自己有什么光辉的一面。我的好处是勤奋，是坚强。别人用5个小时做的事，我会攻三天三夜。

● 成功不是偶然 ●

史玉柱给年轻人的 8 堂创业课

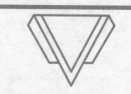

天道酬勤，成功不是偶然

古语云，"天道酬勤"，意思是上天总是厚待勤奋吃苦的人，无论工作困难多大，也应当将解决问题作为最终目标，咬紧牙关坚持到底，而不是畏惧退缩或纠缠不清。

高尔基说："时间是最公平、合理的，它从不多给谁一分，勤劳者能叫时间留下串串的果实，懒惰者时间留予他们一头白发，两手空空。"古语说："一分耕耘，一分收获。"任何成功都不是侥幸取得的，只有付出才有回报。相传，古罗马皇帝克劳狄在临终前给罗马人留下这样一句遗言："努力工作吧！你将收获丰厚的人生。"

鸿海集团总裁郭台铭就曾说过："我创业超过 35 年，几乎每天都工作 15 个小时，这个习惯还是在我打工时养成的。"翻阅商海"成功史"，哪一个成功者不是勤奋工作的典范？

人生中任何一种成功的获取，都始之于勤并且成之于勤。勤奋是成功的根本，也是成功的唯一秘诀。对于每个人来说，想要取得成功并没有多少捷径可走，唯有勤奋工作。对于刚参加工作的人来说，这一点尤为重要。要想使自己比别人取得更大的成绩，就必须付出比别人更多的勤奋和努力。那么怎样才能做到勤奋呢？

英国思想家卡莱尔说："天才就是无止境刻苦勤奋的能力。"惰性则是勤奋的敌人。追求成功者要时时向惰性宣战，并战而胜之。

小米手机创始人雷军曾说过，勤奋和努力是成功的必要条件。如果没有勤奋努力，创业者会很难成功。因为聪明程度一样，主要比的是努力，这就是中国古话"天道酬勤"。

外人眼中的史玉柱是一个商业奇才，理由不外乎两点：一是他眼光独到地选择进入最好的行业，比如保健品和网络游戏；二是他是天才的营销大师，以至他的商业成功案例被搬上各大商学院的 MBA 教材，甚至被奉为商战经典案例。事实上，人们在津津乐道史玉柱的各种商业手段时，往往忽略了一点，他还是一个勤奋的商人，一个拥有勤奋正能量的创业成功者。史玉柱在《赢在中国》现场做点评的时候，针对某位选手的"天才论"，他说："我觉得实际上没有天才，天才是勤奋的结果。"

史玉柱曾说："我从来没有想过自己有什么光辉的一面。我的好处是勤奋，是坚强。别人用 5 个小时做的事，我会攻三天三夜。"

1990 年，史玉柱为了开发 M-6401 的下一代产品 M-6402，和同伴再次来到深圳大学——这是一块福地。在深圳，有一种忘我的工作环境和气氛比舒适的写字楼更容易出成果，史玉柱他们包下两间学生公寓，开始了漫长的"集中营式的生活"——不管外面世界怎么样，他们只与计算机同在。他们一个星期只下一次楼，当然这一周一次的下楼可并不是悠闲地转悠，而是就近买一箱方便面以供一星期食用。

150 个昏天黑地，150 个日日夜夜，伴着 20 箱方便面的支撑，史玉柱和他的伙伴进行了一场超重量级的"拳击"比赛，他们完成了第二代汉卡的研发工作，用功能更为强大的 M-6402 取代曾经帮史玉柱掘到人生第一桶金的 M-6401。封闭开发让史玉柱投入了全部的精力，当史玉柱兴高采烈走出深圳大学，一路小跑地回到深圳的临时住所，推开位于安宝大厦家里的大门时，史玉柱被眼前的一切惊呆了：临时的"家"里一片狼藉，先前和妻子一起购置的简易家具全不见了，房间里空无一物，不辞而别的妻子仅仅留下一张字条，便离他而去。

一位跟随史玉柱创业至今的伙伴评价史玉柱时这样说道："他有时工作起来太可怕，完全忘记自己只是一个普通人，他可以一连几天很少睡觉，一连几餐吃饭馆，但绝不会容忍计划的事情没有按时完成。"

在脑白金开发过程中的很长一段时间里，史玉柱天天跑药店、跑农村，去跟他未来的消费者们交流。开拓无锡市场时，当地几百家药店他都跑过一遍。接下来每次启动一个新市场，他都这么干。老板冲在第一线，跟听汇报来决策，完全是不同的两回事。

史玉柱说："人在低谷时是最勤劳的。这些年我一直是没日没夜地干，跑市场，跑终端，找消费者聊天，了解市场情况。3 年里，我跑过的商店有 1000 多家，深度接触、交流的消费者有 200 多个。"

巨人网络总裁刘伟如此评价史玉柱："他确实是个很有销售才华的人，但这是建立在他非常了解市场的基础上的，所谓营销奇才不是那么容易的事情。很多人轻描淡写地说他是营销大师，能把一个普通的东西卖得很好。其实，光靠点子是没有用的，他虽然是个高智商的人，但他同时也是一个特别勤奋的人。""史玉柱睡得很少，上午九十点钟睡，睡到下午 3 点钟，起来后就和策划开会，开到晚上八九点钟。其实都是非常勤奋的，付出很多。"

史玉柱表示，自己的成功不是偶然因素，是带领团队充分关注目标消费者，做了辛苦调研而得来的。

几经沉浮的史玉柱，生活方式并没有多少改变。"我每天待的地方只有3个——办公室、家和车里。"

现在无论是年轻的还是一把岁数的企业家，都纷纷以史玉柱的这份勤奋为楷模。对于为何如此拼命地工作，史玉柱给出了答案："我是学数学的，思维方式就是从A到B,一般大家可能就按通行的路走了，但是我要列出从A到B所有的出口，列出所有可能的连接，要一条路都不落，看哪一条路可行，哪条路不可行。这也在一定程度上决定了我的思维方式。"

史玉柱当年开发汉卡时"一根筋"的钻劲在产品不断改进的过程中，充分体现出来。自从进军网络游戏之后，史玉柱的生活基本上就是两点一线——办公室和家里，与一个网游研发人员无异。

《征途》成功上市后的史玉柱，不像大多数老板那样忙于参加各种论坛和上EMBA班去学习，而是每天大概有10个小时做客服。他不习惯于跟政府要员和名商大贾私密聚会，更没有许多老板打高尔夫球的雅兴。

史玉柱在游戏中还有一个特点，就是充分地与玩家沟通和互动，他也给自己定下了任务，就是每天要接触多少个玩家，在他们被杀的时候上去安慰，在他们愤怒的时候上去了解缘由，在"国战"要开打的时候，身先士卒冲锋陷阵。

史玉柱乐于帮助游戏玩家解决碰到的问题，也就是游戏本身的缺陷，这也正是《征途》能够一刻接一刻地更新的原动力。如今，史玉柱的功夫没有白费，《征途》给史玉柱交出了很好的成绩，史玉柱说："在投资上赚 100 个亿，都没有在这里赚 100 万高兴，因为做网游有成就感，有自己的心血。"

企业本身就是一部勤奋的历史。无论是创业的领导者还是追随者，在创业史中都扮演着不屈不挠、勤奋努力的角色。在相对稳定的企业发展中，更是要用勤奋的精神激励自己和同仁。

勤奋是创业成功的重要条件，也是克服惰性的法宝。如果不能勤奋，即使你拥有无比优越的条件，一生也注定暗淡无光。

创业是个艰难的历程，在没有天时、地利的情况下，创业靠的就只有努力。勤奋是创业者的标签，特别是在创业初期，如果不勤奋，那就没有一点成功的希望。一旦开始创业，就像轨道上的行星，再也无法停止下来，只有勤奋才能够让自己发展得更快，直到取得成功。

冒险：要有一种"赌性"

在非洲的塞伦盖蒂大草原上，每年夏天，都有上百万匹角马从干旱的塞伦盖蒂北上迁徙到马赛马拉的湿地，在这艰辛的长途跋涉中，格鲁美地河是唯一的水源。这条河与迁徙路线相交，对角马群来说既是生命的希望，又是死亡的象征。因为角马必须靠喝河水维持生命，但是河水还滋养着其他生命，例如，灌木、大树和两岸的青草，而灌木丛是猛兽藏身的理想场所。

在河流缓慢的地方，还有许多鳄鱼藏在水下，静等角马到来。甚至，湍急的河水本身就是一种危险——角马群巨大的冲击力将领头的角马挤入激流，它们若不是被淹死，就是丧生于鳄鱼之口。

冒着炎炎烈日，焦渴的角马群终于来到了河边，狮子、鳄鱼忽然从河边冲出，将角马扑倒在地或拖入水中。涌动的角马群扬起遮天的尘土，挡住了离狮子、鳄鱼最近的那些角马的视线，一场杀戮在所难免。

被誉为"20世纪世界奇人"的美国盲聋作家、教育家海伦·凯勒，就信奉这样的座右铭："人生要是不能大胆地冒险，便一无所获。"

美国哈佛商学院心理分析专家亚拉伯罕·扎莱尼克说过，要想了解企业家，首先应当了解少年罪犯的心理，即追求自主和摆脱束缚，有一种内在的叛逆和不怕风险的精神。叛逆，乐于冒险，必是企业家具备的特质。企业家对现状总是感到不满，对常规和惯例有天然的抵触情绪。

创业的过程就像在荒野上前行，如果你想生存下来并成功抵达终点，就必须敢于冒险。

对每一个创业者而言，选择创业就是选择了冒险，冒险精神是创业成功必备的正能量。蒙牛创始人牛根生曾说过："一个企业的发展是具有阶段性、冒险性的，但冒险有冒险的底线，越是小企业、小品牌越有资格冒险。冒什么险？我认为要下'不成功便成仁'的狠心。另外，还要学会坚守一个底线——只要不死就行。"

网易创始人丁磊回忆起自己的创业经历，曾经说："Internet刚进入中国，我周围的许多同事和我一样都看到了机会的存在，但是到今天为止，只有我一个人出来做互联网。我认为这一点值得思考。在你的一生中，你会面对许多这样的机会，但你能否认定它就是真正的机会，并且为了这个机会可以百分之百地努力，甚至不惜改变自己原有的、较好的、稳定的生活状态？选择冒险，确实需要魄力。但同时，你要知道，你或许已给自己选择了一条成功之路。要记住：创业需要冒险！"

史玉柱同样认为，要想成为一个优秀的企业家，首先就要具备敢冒风险、抵御风险和承担风险的资质。缺少这种资质，你就很难向真正的成功迈进，顶多也就是小打小闹。也就是说，企业家身上要有一种"赌性"。史玉柱传奇性的发迹表现了他超越常人的胆量和气魄等正能量。

史玉柱表示，上学时同学们都叫他"史大胆"。"大概小时候的这种意识，对我后来的冒险精神和创业精神有一定影响。"至于自己是否具有冒险性格和创业意识，史玉柱也没有理性而系统地分析过。

1989 年 1 月，史玉柱毕业于深圳大学研究生院，为软科学硕士。史玉柱自认为自己开发的 M-6401 桌面文字处理系统作为产品已经成熟，随即下海创业。当年 7 月，史玉柱带着他仅有的 4000 元钱来到深圳，从此开始了在商界的"赌徒生涯"。由于受到当时深圳大学一位在科贸公司兼职的老师的器重，史玉柱得以承包天津大学深圳电脑部。

为了买到当时深圳最便宜的电脑（当时的价格是 8500 元一台），他以加价 1000 元为条件，向电脑商获得推迟半个月付款的"优惠"，赊账得到了平生第一台电脑。为了推广产品，他用同样的办法"赊"来广告：以软件版权向《计算机世界》杂志做抵押，先做广告后付款，外号"史大胆"的他，为自己设置了创业路上的第一次小赌。在广告登出的第 13 天，距离期限仅有两天的时候，史玉柱收到了 3 张订单，近 2 万元的汇款。

后来，史玉柱切入保健品领域，发动"三大战役"，敢于一次又一次地"置之死地而后生"，敢于从电脑到保健品的"惊险的一跃"，充分表现出他具有大胆的冒险精神。"从我个人的性格来看，也更喜欢开拓新领域，而且尤其擅长此道。像'巨不肥'这样的产品，打开市场一般需要3年，而我只用3个月就使它成为减肥产品销量第一。但打开市场后，我就没有坚持干下去，攻得下山头却守不住，如同狗熊掰棒子，掰一个丢一个。"

当年，史玉柱想要冒险去盖72层的巨人大厦。当时，史玉柱手上只有2.5亿元的资金，这钱仅仅能为这栋楼打地基。史玉柱显然不是没有看过大厦的设计图纸与计算过这个工程的成本收益，可是他按捺不住内心的愿景与冲动。他还是将先前靠汉卡、保健品等赚得的所有钱都调往巨人大厦。这一举动至今仍被史玉柱视作其生涯中"最发昏的举动"，甚至"直到它死那一天，我都没觉得这个楼盖不起来"。巨人大厦使史玉柱狠狠地跌了一跤。失败的教训是惨痛的，如今的史玉柱成熟了许多，也稳健了许多。

经历失败后，东山再起的史玉柱表示冒险肯定还是要冒的。因为做企业，不可能不冒险，关键你是冒多大的险。"过去可能是1个亿的资产我按5个亿的规模去冒险。今后我们上市后，我们的资产将分为三块：第一块是主营业务。第二块是占有资产最大的，就是投资可变现的、收益不是太高的，但从长期来看又不错的金融产品，比如金融股民生银行的法人股，法人股有什么好处呢？如果你资金出问题时，这些股权可以马上脱手，或者是等着它上市，如果上市了，收益至少是5倍。第三块才是真正的冒险，看中好项目，就以兼并等方式介入，这一块不能超过公司净资产的1/3。这一块做成了，也许会比前两块的生意大得多。失败了公司也不会破产。我现在还是要赌，只是不会把全部身家拿来赌。"

如今，50多岁的史玉柱，依然承认自己有一种浪漫主义情怀，那些在过去岁月里植入他内心深处的"浪漫"种子，时不时地要冒出头来。虽然经历过珠海巨人时期的失败，但是有时候，史玉柱还是会忍不住，因为"手头钱太多就会想着去投资"。不过，大多数时候，他的团队会很不客气地否定这些投资计划。史玉柱自己曾盘算过，起码有2/3的计划，都被其团队毫不留情地扼杀在萌芽状态中了。对此，史玉柱甚至有些得意。1997年之后的史玉柱，再也不会固执地选择一意孤行。他深谙，他人建议的价值；他懂得，如何去控制自己冒险的冲动。

巨人网络总裁刘伟常常笑称："要把史玉柱的冒进往回拉。"事实也是如此，史玉柱一直在某种冒险的赌注中演绎着自己的商海生涯。如果没有刘伟等一帮旧将帮忙踩着刹车，说不定这位脑海里充满许多奇怪念头的冒险家早已将巨人网络折腾得面目全非了。在史玉柱看来："任何一个企业都是在赌，什么叫赌呢？比如说做一项投资，没有百分之百把握的时候，应该说都是赌。但搞投资做项目，任何一个企业都不敢说自己是百分之百能够成功。"

史玉柱表示，"赌"过去有，现在也还有。"赌，单纯说好和坏我觉得不能那么看。赌，你拿自己的身家性命去赌，那你就彻底完蛋了，可作为一个企业，一点不冒险，按部就班地发展，也不行。赌看怎么个赌法，我觉得我以后，你说我一点不赌了，不可能的。但是我不会拿身家性命去赌。"

2004年年底，史玉柱投资2亿元，在上海注册成立了"征途网络科技有限公司"，开始了新一轮的"赌博"。2007年10月11日，史玉柱宣布：上海征途网络正式更名为上海巨人网络。同年11月1日，"巨人网络"成功在美国上市。

史玉柱转身成为投资者之后，更使人们认为，史玉柱又开始冒险，又开始进行赌博了，史玉柱对此则不以为然，他说道："什么叫投机？我就是赌徒，这无所谓。什么叫赌？无法预知结果，只能凭借自我感觉做的事情都属于赌博。只要投资，你很难预期未来，所有的企业经营者都存在赌博的成分，除非你把所有的钱都存银行吃利息，那就不用赌了。联想集团并购IBM的PC业务不也是赌吗？"

执著："偏执狂"的精神

"偏"即偏激、偏颇，是对世俗常理的一种忤逆，从来都是剑走偏锋，不按常规出招，总是和大多数人的"正常"思维、行为模式相左。那些在大众眼中被视为"妄想"的观点、欲求，却被偏执的人当做是努力追求的目标。我们能看到"偏执"具有极其坚韧的意志力，以至能够推动一个人在孤独地承受外界非议的同时，还能不断向目标迈进。

追随史玉柱十余载，巨人集团副总裁程晨无疑是最了解史玉柱的人之一。她认为，史玉柱对任何事情都是偏执而疯狂的，甚至包括喝酒："疯狂地喝一阵子黄酒以后不喝了，就改喝蓝带，疯狂地喝蓝带过去以后，就开始疯狂地喝葡萄酒，直到现在没有变化。"在经历失败之后，史玉柱也曾疯狂地热爱旅行。说起自己当时那辆奔驰

500，他依然很激动："这辆车后来我抵债抵掉了。全中国唯独没去过的地方只有台湾和澳门。所有的名山我都去过，包括唐古拉山、天山、西藏。那个时候这是我的一种爱好。"

这种偏执正如他一如既往地穿着白色和红色的运动服一样。即使是在巨人网络上市敲钟的时候，他居然也能得到特批，穿着白色运动装就上去了，而这是纽交所自创办以来绝无仅有的。

程晨记得史玉柱一直说，"巨人神话"的核心是一种精神，是一群年轻人执著地追求自己选择的事业并为这种追求不顾一切的拼搏精神和正能量，是追逐太阳的精神。夸父的这种精神也就是葛洛夫所讲的"偏执狂"的精神。万科集团董事长王石曾说过："企业家与其他人的不同点是偏执，执著还不能说明问题。企业家除了偏执之外，偏执里面包括执著，别人认为不可以，他却认为可以。"

早在孩童时代，史玉柱就表现出了他的偏执。小时候的史玉柱是小人书的痴迷者。他可以不吃饭，可以不睡觉，可以逃学，可以考试不及格，但不可以不看小人书。因为痴迷小人书，功课一落千丈，小学四年级时他竟成了留级生。当小人书在妈妈的手下化为灰烬之后，史玉柱又把兴趣转向了《三国演义》。

当他得知《三国演义》里"张辽威镇逍遥津"所说的逍遥津古战场，就在离他家乡不远的合肥时，史玉柱就琢磨着一定要到合肥。最后，在他的死缠烂打下，父亲只好满足了他的这个愿望。有文章记载"史玉柱从小就非常执著，他想做的事，没有做不到的"。

1977 年恢复高考，史玉柱有了目标，因为"学习可以考大学了"。从此，这个调皮的孩子开始认真学习，1980 年，史玉柱以全县总分第一，数学 119 分（差 1 分满分）的成绩考入浙江大学数学系。

在大学期间，史玉柱开始跑步，培养各种爱好。他每天从浙江大学跑到9公里外的灵隐寺，然后再跑回来，坚持了4年。偏执或者说是对事情的执著已经成为史玉柱性格的一部分。

史玉柱的"偏执"不仅是表现在生活上，在工作上，史玉柱这种偏执狂精神表现得尤为突出。史玉柱不但充满梦想和欲望，他更具有一种为实现梦想、满足欲望而拼命奋斗的执著精神和内在推动力。

1990年，史玉柱决定开发升级版本M-6402，他把自己和团队关进一个小房间，整整150天，靠20箱方便面维持下来，软件是开发出来了，但结发妻子却因此而伤心离去。

10多年过去了，年过40的史玉柱，认为自己的狠劲犹存。"现在我对网络游戏（以下简称"网游"）感兴趣，如果需要关我100天，我受得了，我也心甘情愿。"不过，今天的史玉柱对这种集中营式的生活也只能是说说罢了："我现在是一个投资人的身份，还有其他的那么多资产，要关起来的话，怕会出问题！"

"送礼就送脑白金"这个恶俗广告烦了人们十几年，史玉柱依然偏执地坚持着这个广告的投放，让这个广告达到一个"沸点"之后，只需要不多的"火力"，水总会保持开的状态。而有些广告则因为缺乏偏执，总是达不到"沸点"，最终功亏一篑。

出于对广告的偏执，他以打企业形象的方式，巧妙地规避现有的政策管制，即使遭受许多人的批评也在所不惜。

即使在保健品行业做出惊天动地的成就，史玉柱依然没有放弃创业时的梦想——在IT领域出人头地。于是，2004年年底2亿美元的大手笔砸向了网游，史玉柱开始了他新的追求旅程。史玉柱说道：

"我的下半生不会再关注别的，只与网络游戏绑在一起了。"

史玉柱为《征途》定下了很高的目标。当《征途》第一次开放内部测试，同时在线人数爬到 2000 人的时候，《征途》团队欣喜若狂，因为史玉柱没有告诉他们，《征途》一定要做成同时在线人数达到 100 万的游戏。而现在，《征途》在线人数已于 2007 年 5 月 20 日超过 100 万。

《征途》在研发的最初阶段，走了不少的弯路，第一笔投资消耗殆尽，产品还很不成熟时，面对团队士气的低落，面对未来前景的不可预期，史玉柱以一种没有退路的偏执，追加投资，并说服相关团队追加投资，这才有了后来逐步定型的《征途》。

曾有一位著名学者把企业家的这种执著精神比作"激光"的光头：光头的力量很强就是因为所有的光线都集中在那一点上。企业家的偏执和执著就像一支激光枪，让他们集中毕生精力追逐并实践他们的梦想。古今中外历史上，许多著名的企业家都是偏执狂，不但对自己的事业充满自信，而且不轻易受外界影响，在挫折面前坚忍不拔、永不放弃。

成功最难的往往不是方向的选择，而是在朝着这个方向要走的路程上所遇到的种种意想不到的挫折和困难。为什么成功的创业者告诫后来者最多的一句话是"执著"。因为执著是一名创业者成功的最大保证，这点从史玉柱的重新崛起就可见一斑。

有人把执著比作钻杆的钻头，钻头之所以能够钻透坚硬的石头，就是因为它把所有的力量都集中到一点。企业家的执著就像是一支无坚不摧的钻头，让他们集中毕生的精力追逐并实践他们的梦想，因为他们知道，只有执著，才能够成功。

所以，谁能够像史玉柱一样坚持，谁就有可能像史玉柱一样成功。

做人诚信一定有高回报

公元前 4 世纪，意大利人皮斯阿司被判绞刑。临死前，他希望能与母亲见最后一面，因为不能给母亲送终了。他的哀求被国王知道了，国王让他回家与母亲相见，条件是找到一个人来替他坐牢。

茫茫人海中，谁又会愿意替一个死囚坐牢？有个叫达蒙的人站了出来，他是皮斯阿司的朋友，因为他相信皮斯阿司会回来。达蒙住进牢房后，皮斯阿司回家了。人们等待着事态的发展。刑期快到了，可是皮斯阿司还没有回来。行刑日是个雨天，当达蒙被押到刑场时，人们都骂他是个傻子。追魂炮打响了，绞索套住了达蒙的脖子，达蒙挺起了胸膛，一副大义凛然的样子。胆小的人吓得闭上了眼睛，许多人纷纷痛骂皮斯阿司出卖朋友。在寒冷的风雨中，这时只见皮斯阿司飞奔而来，喊道："我回来了！我回来了！"人们惊呆了，消息也传到国王的耳朵里。国王根本不敢相信，于是亲自赶到刑场。在刑场上，无数双眼睛似乎都在替皮斯阿司哀求着，国王也被感动了，于是亲自给皮斯阿司松了绑，当众赦免了他。[①]

关于无信不立，还有这样一个典故：

《论语》提到，有一次，弟子问孔子如何治国，孔子说要做到三点：要"足食"，有足够的粮食；"足兵"，有足够的军队；还要得到百姓

---
① 孙郡锴.李嘉诚经商三论［M］.中国华侨出版社，2010

的信任。弟子问，如果不得已必须去掉一项，去哪一项？孔子回答："去兵。"弟子又问，如果还必须去掉一项，去哪一项？孔子说："去食。民无信不立。"

从中我们可以发现，"足食"可以等同于做生意中的"钱"；"足兵"可以等同于做生意中的"员工"；"百姓的信任"则可以等同于做生意中的"信用"。这样一来就是说，做生意，没有很多钱不怕，没有很多人也不怕，但就怕没有信用。没有信用做生意是绝对好不到哪去的。

阿里巴巴创始人马云曾说过："你要想做好一个优秀的生意人，一个优秀的商人，一个优秀的企业家，你必须有一样同样的东西，那就是诚信。"

"人无信而不立，做生意交朋友都要讲诚信。不讲信用实在是太简单了，你可以说到不做到，你可以骗商友朋友一次，仅仅是一次你就没有诚信了。人而无信，不知其可也。在你为眼前的小利要失信的时候请你想想诚信的重要性。"

史玉柱对诚信的正能量也有其切身地体会，他说道："我还老百姓钱的时候，大家都说我很诚信，实际上是因为什么，是因为我曾经不讲诚信过，在我困难的时候，我对老百姓的承诺，没有兑现。而因为我没有兑现，我发现这个成本太高了，对我的未来的路成本太高，以至于以后我对自己这方面要求就很高。"

史玉柱承诺3年之内要把欠老百姓的钱还上，但满了3年史玉柱没有还钱。"老百姓那时候是很痛恨我的，看到他们对我愤怒的眼光，那种打击是非常大的。所以我后面这些东西，实际上我是在补我过去的过失。"

史玉柱表示,做任何一件事或者违反任何一个规则,都是要付出成本的。只不过史玉柱觉得作为一个企业,因为不诚信而付出的成本是巨大的,这个是血的教训换来的。

自 1997 年年初那场地震量级的"巨人风波"之后,昔日的"十大改革风云人物"、时年 35 岁的珠海巨人集团董事长史玉柱从公众视野中消失了——没有他的消息,没有珠海巨人集团获救的消息,甚至也没有珠海巨人集团破产的消息。

直到 2000 年,史玉柱开始出现在央视《对话》栏目中,并表示:"老百姓的钱,我一定要还。"同时还提出了还钱时间——2000 年年底。至于为何选在这个时候还债,史玉柱表示,还老百姓的钱没把握,他不敢出来。

这期《对话》节目出来之后,很多人看了以后也很感动,现场有些人都热泪盈眶了。节目播出后,中央台收到很多观众的来信。在做客《对话》节目之后,主持人王利芬高度评价了史玉柱的还款行为,她说:"我认识很多朋友,他们对史玉柱个人的人格魅力,非常佩服。而且他们对于史玉柱复出,就始终在想要还老百姓的钱这一点非常感动。就我个人来说,对他攀登珠穆朗玛峰这样一个壮举,内心也充满着敬意,刚才大家一直谈失败和成功的话题,我在这里想起了一句话:当你想好了怎么去赢的时候,整个世界都会为你让路。我想把这句话,送给史玉柱和他未来的事业。"

史玉柱说:"类似的烂尾工程在珠海有 100 多家,但像我们这样还钱的,是唯一一家。"

四通董事长段永基曾说:"史玉柱行为的可贵之处就在于他自觉

地、主动地站出来兴建这个道德制度。一个企业最重要的道德制度就是诚信原则。史玉柱还钱表明了他企业的诚信，表明了他做人的诚信。这对他未来的商业前途是一个非常高回报的投资。"

"简单、简单、再简单"

世界是复杂的，但也是简单的，只是我们常常被自己的习惯性思维所禁锢，从而把简单的事情弄复杂了。如何将复杂的事情回归于简单，这正是我们每一个人亟待思考的问题。

14世纪，英国奥卡姆有一位很有学问的天主教教士，他曾在巴黎大学和牛津大学学习，由于知识渊博且能言善辩，被人称为"驳不倒的博士"，他就是著名的英国哲学家威廉。威廉在《箴言书注》2卷15题说："切勿浪费较多东西去做用较少的东西同样可以做好的事情。"这个原理称为"如无必要，勿增实体"。这句格言为他带来了很高的声誉，因为他是奥卡姆人，人们就把这句话称为"奥卡姆剃刀定律"。

用简单的话语来说明奥卡姆剃刀定律就是，保持事情的简单性，抓住根本，解决实质，我们不需要人为地把事情复杂化，这样我们才能更快更有效率的将事情处理好。而且多出来的东西未必是有益的，相反更容易使我们为自己制造的麻烦而烦恼。

奥卡姆剃刀定律在企业管理中可进一步演化为简单与复杂定律：把事情变复杂很简单，把事情变简单很复杂。这个定律要求，我们在处理事情时，要把握事情的主要实质，把握主流，解决最根本的问题，尤其要顺应自然，不要把事情人为地复杂化，这样才能把事情处理好。

万科董事长王石说道："什么叫简单，就是能够用最短时间把企业描述清楚。我个人认为，最伟大的公司是可以用两秒钟说清楚的，比如说可口可乐，世界最大的软饮料公司，不用两秒钟就可以说清楚了。显然万科是还不具备的，当然我说可以用 6 秒钟把万科描述清楚，就是中国住宅开发，上市蓝筹股，受尊敬企业。"

史玉柱在点评《赢在中国》选手时，也经常提到两个字——简单。他这样点评道："把你与此目标不相关的，或者关系不大的业务该砍的砍，该甩的甩。毕竟你规模还不大，就应该集中精力攻克一点，才可能取得成功，一定要把业务搞得简单、简单、再简单。"

史玉柱给了该选手一个建议只有两个字——"简单"。史玉柱觉得搞企业越简单越好，一两句话就能描述下来的企业是最好的企业。"现在感觉你的业务头绪还是比较多。建议你简单一点，把那些不是主线、不影响大局的裁一裁，然后选中一个方向、一个点，攻到位，这样，你的核心竞争力就出来了。""我觉得你应该把你公司的业务再简化一些，就像我刚问你的那样，能不能用一句话，甚至不带标点符号的一句话，把你公司的业务说清楚，自己都说不清楚的公司将来是会有麻烦的。"

"简单"这么两个简单的字眼，是史玉柱失败之后最深刻的体会。那时，珠海巨人集团非常不"简单"，珠海巨人集团涉足保健品、房地产、服装行业，甚至包括化妆品等行业。回顾以前珠海巨人集团的发展过程，史玉柱说道："比如就是一个汉卡，巨人汉卡确实做得不错，做得很好，销售额也很大，利润也很可观，在同行业里面已经算是佼佼者了。但是很快我们就以为我们自己做什么都行，所以我们就去盖了房子，搞了药，又搞了保健品，保健品脑黄金还是成功的，但是脑黄金一成功，我们一下子搞了12个保健品。然后软件又搞了很多，又搞了服装。"

珠海巨人集团当时做过十几个行业，因而，当人们问起史玉柱，珠海巨人集团到底是做什么的时候，史玉柱一时说不上来。如今，史玉柱将企业做简单了，他认为现在舆论上的一些东西对他做事不足以带来实质性的影响。

史玉柱说："最近几年，我做事做得很少，你想抓我的把柄也不容易抓到。民营企业出事的那几个人，都有一个共同特点：做事做得多，产业多，一个产业的项目多，我不一样，很单纯。"

抵制诱惑，战线不能过长

多元化像是一块有魔力的磁石，吸引着许多大企业踏入它的磁场。有的企业利用这块磁石凝聚了自身的力量，以更强的生命力继续发展；有的企业却在多元化的磁场中迷失了方向，颠覆在多元化的诱惑之中。

企业进行多元化一般出于两种原因。有的企业是在原有的行业中遇到了成长的天花板，行业容量和竞争形势给企业留下的进一步发展的空间已经不多。这时候，企业希望通过多元化寻求新的发展空间。有的企业希望通过多元化分散风险，把鸡蛋放在多个篮子里，避免因为一个行业的萧条导致企业的困境。而且多元化的企业还可以通过协调各个产业之间的资源，组建一个"航母舰队"，实现海上、空中联合作战。

然而多元化并不是一颗毫无瑕疵的钻石，在企业准备享受多元化带来的光辉的同时，必须要承担多元化带给企业的管理问题和经营风险。实行多元化战略失败的企业很多，从"珠海巨人"倒下、"爱多"失爱、"飞龙"折翅可以看出多元化失败企业的共性——非理性。这又主要表现在：进入行业关联度不大，战线太长，资金分散；进入的时机不成熟；多元化的速度太快。

1995年，珠海巨人集团开始走多元化之路，其中之一就是斥资2.5亿元在珠海修建了72层的巨人大厦。此外，服装实业部、化妆品实业部、供销实业部等十几个实业部宣布成立，并先后开发出了服装、保健品、药品、软件等30多类产品，但最后大都不了了之。

1995年5月18日，巨人集团同时在全国上百家报纸上用整版广告，一次性推出保健品、电脑和药品3大系列30个新品，而其中又以保健品为主，一次性推出包括减肥、健脑、醒目、强肾、开胃等在内的12个品种。15天内，市场订货量突破15亿元。不到半年，巨人集团的子公司就从38家发展到了228家。

1996年年初，史玉柱发起"巨不肥会战"，以"请人民作证"的口号再一次在全国掀起保健品热销的狂潮。

如此疯狂的多元化势头，也预示着将来的惨败。史玉柱曾如此描述当时的疯狂劲头："那时候，头脑发热，做过十几个行业，全失败了。比如，当时做的脑黄金、巨能钙、治心脏病的药，我们的老本行——软件、计算机硬件。当时传销还不算违法，还成立了一个传销部开始研究传销。传销队伍刚培养好，国家开始说传销违法了，最后那批人就解散了。当时甚至还成立了一个服装部门。"

当时的史玉柱就如同古希腊神话中的少年伊卡洛斯。伊卡洛斯的父亲狄德勒斯是名巧匠，利用岛上的蜡烛，制作了两副精巧的羽翅，一副给自己，一副给伊卡洛斯，希望可以借此逃离囚禁的命运。在起飞之前，父亲千般叮咛，警告他翅膀是蜡制的，遇热会融化，因此绝不可高飞，要避开阳光。

伊卡洛斯对父亲的叮咛完全了解，但是，起飞之后，他的心立刻被好奇与狂喜占据，忘记了父亲的告诫，于是越飞越高。终于，他感觉到那对翅膀仿佛像泪水一般融化成一滴一滴的液体，在阳光中飞散而去。伊卡洛斯也如同浪花礁岩，掉入大海中。

1997年前，步步高电子公司老板段永平也曾给过史玉柱忠告：做企业犹如高台跳水，动作越少越安全。然而，那个时候的史玉柱正处于多元化的冒进当中，自然很难明白段永平话中的意味，但是在摔了一跤之后，史玉柱突然觉得自己明白过来了。

史玉柱曾在一次演讲中不无风趣地说："失败到最后，不做的时候我们库存了很多衣服，最后巨人困难的时候我们就发衣服、发领带，我们的领带一直用了10年还没用完。"2001年，史玉柱复出之后，在接受媒体采访时谈道："我现在给自己定了这样一个纪律，一个人一生只能做一个行业，不能做第二个行业。而在做这个行业时，又不能这个行业所有的地方都做，而只做自己熟悉的部分，即一个行业的部分领域。而在做这个部分领域，在做这件事的时候不要平均用力，只用自己最擅长的那一部分。"

可以看出，那个当年张扬狂傲使珠海巨人集团四处出击的史玉柱，已经变得非常冷静。2005年年底，史玉柱高调宣布将投资2亿元打造中国网络游戏 2D 终结版的时候，媒体很想知道这是否意味着他将转型，或再次尝试多元化发展。当时，史玉柱在接受媒体采访时说道："我现在也强烈地感觉到，两条主线的战略有问题，肯定要砍掉一条，但目前哪一条线都不想放弃。至于该砍掉哪一个，我还不知道，看产业的发展。再往前走一年，战略方向会更加清晰。"

两条主线的战略：一个是保健品行业，一个是网络游戏。早在 2003 年年末，史玉柱就将脑白金和黄金搭档的全国营销网络以及两个产品相关知识产权及营销网络卖给了四通控股。史玉柱担任四通控股的行政总裁。而到了 2007 年 3 月 1 日，史玉柱则辞去四通控股行政总裁的职务，彻底放开了保健品行业。

2008 年，史玉柱表示："我一直反对多元化，我不会再开第三个东西，我的下半辈子就靠做网络游戏。我已经 45 岁了，摔完跤后这几年感觉自己的冲劲越来越小了。"

史玉柱表示，现在民企几乎无一避免走多元化之路，一做大就多元化，但往往三五年就完蛋，我就这样完蛋过一次。其中道理很简单，领导者的知识面、团队的精力、企业的财力都是有限的，但机会是无穷的，现在各领域的竞争都是白热化，企业只有发挥最大的精力，形成核心竞争力才能立足，投资不熟悉的领域一定要慎重。

史玉柱指出，最近几年出问题的十几个企业家都有一个共同的特点，就是没抵挡住诱惑，战线拉得过长，最后出问题的。"摊子铺得太大，手头的现金不足以支撑这些项目，他必然要做一些非常规的事，而在中国的法律体系下，非常规的事往往就是非法的事。所以我看了那么多失败的教训之后，越认定了自己现在的策略是正确的。"

2007 年 11 月，巨人网络成功上市，媒体对总是功成身退的史玉柱会不会改行做别的项目颇为关心，对此，史玉柱的回应很坚决："不会。我是做 IT 出身的，我最早是程序员。现在回到 IT 了，是回娘家了，这是求之不得的。此外，我本人特别爱玩游戏，我的工作主要是玩游戏，没有几个老板像我这样的。我会充分利用这一点。我终于找到自己的归宿了，感觉很好。将来退休了我也会继续玩游戏。"

史玉柱说，巨人过去多元化肯定是错了。"在中国，多元化的企业除了复星之外，成功的没几个，搞多元化百分之百失败。中国企业家 10 年前的最大挑战在于占据机遇、把握机遇，随着这 10 年来经济法制的进一步规范，使得各行业进入白热化的竞争，所以现在企业家的最大挑战在于是否能够拒绝诱惑。以前各行业竞争不激烈，你什么也不懂，但只要你进去别人没进去，你就很容易赚到钱。现在竞争激烈了，专业化是非常需要的。但是我们许多民营企业还是沿用过去的思维，即使我现在也有这种思路，有几次我也没忍住，把投资报告提交给委员会，都被枪毙了。专业化不仅对中国企业适用，全球行业的发展趋势肯定也是走专业化道路。"

危机意识是最大的收获

早在 2000 年前，孟子就说："生于忧患，死于安乐。"——只有心存忧患才能够生存，太安逸的环境反而会消磨人的斗志。

日本"经营之神"松下幸之助曾经说过："如果一家公司连续 10 年顺利成长，会造成领导和员工的松懈大意或骄傲自满，这时如果忽然面临不景气，就会不知所措。所以，发展顺利的企业应有意识地寻找新的挑战，增强危机感对企业是有益的。"

为了增强员工的危机忧患意识，美国波音公司甚至专门制作了模拟公司破产的专题片，并在公司内反复播映：在一个天气阴沉的日子，一大群神色沮丧的员工无奈地走出了自己工作多年的工厂。让人感到欣慰的是，这些有着强烈忧患意识的企业都无一例外地取得了稳定的发展并一直保持着良好势头。

据调查，在世界 500 强企业名录中，每过 10 年，就会有 1/3 以上的企业从这个名录中消失，在总结这些企业衰落的原因时，人们发现，春风得意之时正是这些企业衰落的开始，因为正是在这个时候，他们忽视了危机的存在。同样，珠海巨人集团也是在风光无限的时候，突然倒闭。

在世界 500 强中长期站住脚的企业，则对危机意识有着另一种深刻的认识。他们即使在企业发展很顺利的时候，依然保持着一定的危机意识。德国奔驰公司前总裁埃沙德·路透的办公室里挂着一幅巨大的恐龙照片，照片下面写着这样一句警语："在地球上消失了的，不会适应变化的庞然大物比比皆是。"英特尔公司前首席执行官安德鲁·葛洛夫有句名言叫"惧者生存"。微软董事长比尔·盖茨长期保持成功的原因之一就是在业务上有超强的危机意识，不轻视任何一个竞争对手。海尔董事局主席张瑞敏说：我无时无刻不告诫自己，永远战战兢兢，永远如临深渊，永远如履薄冰。也许正是这种危机意识造就了今天的海尔。

在张瑞敏看来，管理企业就像是走钢丝，时时刻刻都要琢磨，如果哪天没有了走钢丝的感觉，那企业也就完了。"也许大家会说，吃了那么多苦，好不容易有了这份家业，守住它安安稳稳过日子就行了，干吗非跟自己过不去？可大家想过没有，光守业是守不住的，守业的结果，只能是败业。有位领导同志在充分肯定海尔的成绩之后，语重心长地提醒我要'居安思危'。其实，我从来没觉得'安'过，而是每时每刻都感觉到'危'。我们没有时间，市场不允许我们躺在过去的成绩里自我陶醉了。我们必须清醒起来，振奋起来，只有这样，我们才能有足够的实力，去跟那些国际大公司同台竞争！"

张瑞敏表示，自己每时每刻都存在危机意识，其强烈的程度远远超过那些批评他和为他担忧的人所提醒的。"我不是超人，不会神机妙算，面对瞬息万变的市场，今天自认为是好的设想，也许明天就是导致失败的糟糕决策。在我们无法预测未来的情况下，只能尽可能多地考虑可能出现的各种变化和应对的办法。这还仅仅是外部危机，从内部来看，要保证职工素质跟上企业发展，心态不在发展中失衡，做到'得意不忘形，失意不失态'。这种境界就是中国古话说的'宠辱不惊'。这是一种极高的境界，很不容易做到。"

张瑞敏深知，通往成功的道路荆棘密布，海尔要想在全球市场上与那些历史悠久、实力雄厚的跨国公司较量，还要克服许多来自国内外的挑战。正是心怀着这种危机意识，张瑞敏时刻不忘审慎自己。因此，张瑞敏也始终把明天当做冬天。

珠海巨人时期，脑黄金辉煌的时候，销售额达到过 5.6 亿元，但烂账有 3 亿多元，由此导引出巨人大厦的资金链危机。残酷的现实，使得史玉柱体悟到商业必须时时刻刻保持危机意识。危机意识显然是史玉柱跌倒之后最大的意外收获。"人犯错误都是在得意的时候，我经常告诫自己人，我们距离破产只有一年，做好 12 个月内再次跌倒的准备。我现在做事都做好最坏的打算。"

史玉柱忠告创业者，做任何的项目都要有失败的打算。做一个项目，负面因素考虑得越多，消极的因素考虑得越多，往往对这个项目越有好处。在投资之前，想得越浪漫，越是考虑这个项目我可以赚多少钱，风险因素考虑得少了，操作层面的因素考虑得少了，失败率往往也就高了。

"我现在做项目都是先假设这个项目是失败的，比如网游，假如我现在失败了，我首先要算财务，我能不能支持住？然后看如果要失败，有可能哪几点导致失败？比如第一点我的产品不好，第二点我的人员有可能流失等等，罗列了十几点，然后我再看这十几点，一一想办法解决。这么一轮下来以后，实际上这个项目的风险反而下降了，如果只是因为看盛大赚很多钱、网易赚很多钱，就仓促决定投资，往往考虑得就不那么深入，最终导致失败。"

柳传志曾说过："我们一直在设立一个机制，好让我们的经营者不打盹，你一打盹，对手的机会就来了。"在华为创立的20年中，华为集团总裁任正非屡屡在企业发展形势一片大好的时候抛出"过冬"论这一论调。华为从零成长为年收入125.6亿美元的企业，证明了一句古训："生于忧患。"

经历了一次失败的史玉柱对于危机已有了深刻的认识，他说道："巨人投资集团未来还可能会有波折，甚至会有更大的波折，对此，我有充分的思想准备。但是，无论波折多大，生存环境多险恶，我史玉柱也不会窒息，不会休克，只要还有呼吸，我还能继续往前走，这并不是在说大话。我已经经历过这么深刻的危机，今天，我在决策任何一个项目时，都会做最坏的打算，都会先估算一下，如果发生亏损，损失会超过我净资产的 1/3 吗？如果超过 1/3，再大的诱惑我也不干。而在过去，我是想到做什么，就不考虑其他。"

跌倒后一定要爬起来

其实人生的过程都是一样的，跌到了，爬起来，再跌倒，再爬起来，只不过成功者跌倒的次数比爬起来的次数要少一次，而平庸者跌倒的次数比爬起来的次数多了一次而已。最后一次爬起来的人，人们就把他们叫做成功者。最后一次爬不起来，或不愿爬起来，不敢爬起来的人，人们就把他们定义成失败者。

一位创业者在经历过一次非常惨痛的失败后，经过长时间的沉寂后，想要重振旗鼓，却又怕再次失败而犹豫不决。他决定到一家寺庙去问个吉凶。寺院的方丈在了解这位创业者的心思后，送他一个信封，嘱咐他到家后再看。这位创业者到家后迫不及待地拆开信封，只见方丈写道："看目标伤口不痛，看伤口目标模糊。"这位创业者大悟，遂放下心中的创伤，放开手脚，朝着目标去努力，最终取得很大的成就。

1997 年，当史玉柱意识到巨人大厦可能最终是盖不起来的时候，决定进行一些改变。史玉柱当时打定主意从头再来，就留了十几个人在那个地方应付巨人大厦的债务问题，"然后我们的骨干，业务骨干全都离开了珠海，到了浙江、江苏，在江苏从头做，这个主意一旦定下来，也就不着急了"。

1998 年 8 月，史玉柱悄然离开了珠海，把倒地不起的珠海巨人集团留在了珠海。他要另起炉灶，他要还债。他开始了负重的二次创业。史玉柱说，这两年如果要回顾的话，主要就是一个字：苦。比1989年刚刚出来创业时还要苦，那个时候苦是苦，但没有心理负担。在史玉柱"阔别江湖，销声匿迹"的三四年中，让史玉柱最难以忘怀，或者说刻骨铭心的是那一段日子。当时史玉柱一行十几个人，开着有篷的大卡车，四处转悠，车上装着床垫子。可以不用住宾馆，挺省钱。

史玉柱说："那时候我们确实已经没有资金了，很多人可能说瘦死的骆驼比马大，你手里肯定有钱，那时候确实没钱，如果珠海巨人集团危机早一点爆发，我们可能还有一点钱，它爆发的时间实际上还有点晚。晚的时候，实际上手里的钱都耗尽了，该发工资的发工资，该还债的还债，就是耗的都耗光了。我们记得我们最后还剩100万元的时候，当时还有一场官司，是我们的一个分公司惹的一个官司，跟娃哈哈打的一个官司。娃哈哈说我们的吃饭香跟他的广告很类似，后来也不是打官司输了，最后我们调解就输了。输了钱就要给对方，给完了以后，我们就没有钱了，连发工资的钱都没有了。"

当时，史玉柱和他的团队决定启动脑白金项目。"因为做脑白金业务有的涉及报批问题，我就没事干了。没事干我就想，正好趁这段时间，我过去有一个很想去的地方，没去成。过去工作很忙，现在有空了，我去一趟吧，后来我就去了一趟珠穆朗玛峰。"

史玉柱跟一些部下从登山大本营，从5300米的地方往上上的时候，实际上那个地方规定是不准随便上的，要上的话就必须要雇当地的导游，因为上面很危险。但是雇一个导游要800块钱，史玉柱他们想省800块钱，就没雇导游，于是史玉柱和随行的3个人就那么上了。

史玉柱回忆说："我们上去了，然后果然在冰川里面迷路了。那地方，后来背去的氧气也吸光了，那时候是认为自己回不来了。我就跟其他 3 个人说，你们回去吧，我体力耗光了，又缺氧，最后都快走不动了。那时走一步一定要坐下来休息才能走下一步。"

史玉柱看了看天，觉得天快黑了，只要天黑肯定要冻死的，因为当时的气温零下二三十度。"我就让他们走，他们不愿意走，但是后来还好，我们其中一个随行的，找到路了，然后连拖带爬沿途自己咬牙就爬到路上，到路上就简单了，尽管是很窄的一条路，但是有路就好办了。而且那个路都是下坡，下坡机械地那么走就走下来了。

"下来之后感觉到，我已经死过一回了，我是捡了一条命回来，所以以后没有什么要顾虑的，这条命都是白捡的了，一下子整个人就放得特别开。回来后，所有的从管理、从营销等各个方面，没有任何条条框框了，就把过去的所有条条框框都打破了，怎么实用怎么来。"

史玉柱曾说："这几年里，我三次去见马克思，但又都回来了。一次是在 1997 年 8 月，在攀登珠穆朗玛峰时，到了海拔 6000 米高度，筋疲力尽的我氧气袋吸空了，但还是让我逃出了死神的魔爪；另一次也是在 1997 年，在西藏，我开车时，遇到公路塌方，车头都埋入了石堆，就再差几秒钟就完了；第三次是在 1999 年 9 月，在安徽黄山附近，我开着丰田吉普，车上有上海绿谷集团老总吕松涛。车子以 120 公里的时速前进时，摔入了 7 米深的山谷。但是，我又一次奇迹般地活下来了，不过，在脸上还是留下了永远的记忆，从此，我再不戴玻璃镜片的眼镜了，改用树脂片。"

　　史玉柱表示，最难过的一段日子是1998年上半年，即脑白金上马前后。那时，史玉柱连买一张飞机票的钱也没有。有一天，为了到无锡去办事，史玉柱只能找副总借。"他个人借了我一张飞机票的钱，1000元，飞到上海，当天赶到无锡，住到30元一晚的招待所时，女服务员认出了我，但她并没有讥讽我，相反还送了我一盘水果。那段日子，我是一贫如洗。"

　　史玉柱最困难的时候，曾经想过写自传。一个原因是失败的经历太刻骨铭心了。第二，史玉柱做"脑白金"的时候，没有钱，他想写一本书，看能不能赚一两百万，两三百万。但是后来借到了，史玉柱也就没继续写了。"咸鱼如何翻身，首要的是有一笔启动资金。给别人搞策划赚钱？写一本自传卖？太慢。还有，就是以他人名义找人借钱注册公司。我思来想去，也只有这个办法可行。"

　　跌倒后重新爬起总是艰难的。和公司其他人员一样，住路边小店，吃路边小摊，史玉柱拎着这只手提箱，摸市场做调研，整天东跑西颠开始他的"游击"创业生涯。"我们当时的策略：农村包围城市，以中小城市为基础来推销我们的产品。当时公司所有的家当只是一个手提箱。"

"大胆设想，细心求证"

　　史玉柱是以"大胆"著名的。小时候喜爱搞点小科技的史玉柱，自制过炸药，轰一声把自己名字"炸"响，人送外号"史大胆"；长大之后，史玉柱依然出手大胆，辞公职下海，赊账做广告，同时发动电脑、保健品和医药"三大战役"，盖号称中国第一的高楼。

但可以说，成于"胆大"，也败于"胆大"。不顾后果的胆大使得史玉柱大起大落。终于，曾经的"史大胆"开始变得"胆小"起来。对于以往投资的大胆，或者更准确地来说是"草率"，史玉柱已有了深刻的体会。因为 20 年前的中国跟现在不一样，那时谁的胆子大谁就能取得暂时的成功，但现在看来不是这样的，那时胆子大的人，活到现在的有几个？

史玉柱表示，自己那时候也属胆子大的，可最终不也是栽了吗？现在，中国已经越来越规范了，机会也越来越均等了，不能再去靠胆大取胜。现在靠什么？靠的是战略和人才。

这似乎更像是珠海巨人集团当年失败后的"教训"。说起自己的胆量，史玉柱总是忍不住笑起来："摔了跟头以后，现在胆子不是很大了，熟悉我的人都知道，我现在是过度胆小了。"

可以看出，史玉柱在进行投资时是本着"大胆设想，细心求证"的态度去做的。

如今，史玉柱给自己定了这样一个纪律：宁可错过 100 个机会，绝不投错一个项目。这跟史玉柱过去的思路是完全不一样的，过去是绝不放过任何一个机会。2002 年 6 月，史玉柱在接受媒体采访时曾说道："现在，我力不从心的地方很多，我熟悉的领域很少。我想投资金融，一直不敢做，研究了一年也不敢做。"

直到 2003 年，史玉柱才陆续从冯仑、段永基等老朋友手中收购了大量的华夏银行和民生银行的股份，到 2006 年，华夏银行和民生银行带给史玉柱的账面价值将近 40 亿元，如此高的获利以至于连史玉柱自己都感叹："完全靠运气，连我自己都觉得不该赚那么多钱。"

史玉柱说："现在我理性的东西多一些，过去我更感性。现在我有一个压力，就是我做什么决策都要先说服大家。说服别人就要靠道理去说，说服不了的事情就是做不了的。所以逼着自己做决定的时候不能凭感觉。

"我在经历过一次大的教训过后，现在的感觉比过去的感觉要准得多，1994年、1995年时的感觉70%是错的，现在至少有一半感觉是对的。"

2004年1月，史玉柱还没有进入网游市场时说道："现在做任何项目没有80%以上成功的可能性一般都不敢动了。比如现在情况稍微好了一点，找合作、找投资的很多，但至今我们一个项目都没投。像IT，我也感兴趣，而且对公司形象也有好处，老百姓肯定更喜欢我做IT而不是保健品，但我考虑的一个很现实的问题是：我做这个能不能迅速赚钱？我的投入和产出成不成比例？现在做IT还是概念多，能赚钱的很少，所以我对IT研究了一年，还是一个项目也不敢投。"

进入网络游戏之前，他细心考证。最后得出的结论是，至少在8年之内或更长的年份里，网络游戏的增长幅度将保持在30%以上。基于这样的判断，史玉柱选了尝试性投资网络游戏产业。2007年11月，史玉柱回顾了他投资网游的过程："偶然的机遇，碰到一个研发网络游戏的团队，他们有很好的想法、出色的研发技术，和他们交流过多次以后，我的冲动被点燃。""进入网络游戏市场之前，我们专门请来专家进行论证，也拜访了一些行业主管领导，当时我急于搞明白一个关键问题：'网游市场维持现状还是因为政策限制缩小。'当时我就想，给他们钱，把这款游戏做到全国第一。"

史玉柱于2004年11月18日注册成立了征途网络科技有限公司，

它是集研发、运营、销售为一体的综合性互动娱乐企业。后来征途网络改名为巨人网络，并于 2007 年 11 月在美国纽交所上市。

回顾人生经历，史玉柱也给创业者们一些经验教训："如果自己想做企业，一定要大胆设想细心求证，我过去始终觉得胆子大肯定要出事。"

第二章

广告哲学：消费者才是专家

营销里面有个第一法则。你到哈佛去学习的时候，他会说一
个案例。对美国人来说，谁是第一个飞越大西洋的人？一般都能
回答得出来，但是问谁是第二个飞越（大西洋）的，就没人能回
答出来了。谁是第三个飞越的？记得了。为什么？因为第三个是
第一个女性飞越，她拥有了这个第一。

成功不是偶然

史玉柱给年轻人的 8 堂创业课

好名字，听一遍就记住

品牌一词源于古挪威语，其英语词"brand"意为"打上烙印"，用以区分不同生产者的产品（包括劳务）。有广告教皇之称的大卫·奥格威则给品牌下过这样的定义："品牌是一种错综复杂的象征——它是产品属性、名称、包装、价格、历史声誉、广告方式的无形总和，品牌同时也因消费者对其使用的印象以及自身的经验而有所界定。"

可口可乐公司的一位前总裁就曾讲过：即使一夜之间，全世界可口可乐的工厂被全部烧掉，但只要拥有可口可乐的品牌，我就可以重建可口可乐。

品牌，是一个企业的门面，是一个企业的口碑，是一个企业长久发展的灵魂。成功的企业都会把自己的品牌建设放到长久发展的第一位，把品牌赋予一定文化内涵，一个良好口碑的品牌能给企业带来源源不断的动力。那良好的口碑来源于什么呢？应该说是名字，品牌的名字。当你想到一个品牌的时候你首先想到的是这个品牌的名字，然后才是它所拥有的服务或商品。例如，一提"苹果"，你会想到它在电子领域的高科技产品；一提"耐克"，可以想到高质量的运动产品；一提"可口可乐"，你就会想到那清爽可口的饮料。这些大企业都有一个让人容易记又特别舒服的名字，这就是好品牌必须要有好名字的道理，企业拥有好的名字甚至可以说胜过拥有千军万马，所以好名字才是根本之道。

一个好的名字可以传神地表达品牌的特征，给消费者留下深刻的印象，并因此节约大量的传播成本。俗话说，名正而言顺。可以说，一个好的名字是品牌成功的基础。

美国当代营销大师阿尔·里斯认为："一个好的品牌名称是品牌被消费者认知、接受、满意乃至忠诚的前提，品牌的名称在很大程度上对产品的销售产生直接影响，品牌名称作为品牌的核心要素甚至直接影响一个品牌的兴衰。"

品牌名称用得好的著名案例就是雀巢。瑞士商人、化学家和发明家亨利·内斯特尔（Henri Nestle）在 1867 年终于创立了育儿奶粉公司，以他的名字 Nestle 为其产品的品牌名称，并以鸟巢图案为商标图形。因为英文雀巢（Nest）与他的名字为同一词根，所以中文一并译为"雀巢"。内斯特尔（Nestle）英文的含义是"舒适安顿下来"和"依偎"；而雀巢图形自然会使人们联想到慈爱的母亲哺育婴儿的情景。"雀巢"品牌定位充分体现了具体的功能定位和情感定位，因而其品牌名称为人们所熟知。

1989 年，雀巢进入中国，中文品牌名应运而生，可谓如虎添翼。即使是一个偏远山区，大字不识的农民，对于这样的一个品牌名称也是绝不会有不解的。"雀巢"品牌名称及图形所注入的情感及意象，树立了品牌和企业良好的形象。

再如，中国的民族品牌"娃哈哈"。今日之"娃哈哈"，用"妇孺皆知"一词来形容并不过分。这样一个产品名称的由来，却颇费周折：最初，娃哈哈集团与有关院校合作开发儿童营养液这一冷门产品时，就取名之事通过新闻媒介，向社会广泛征集产品名称，应征者如潮。宗庆后对铺天盖地的"素"、"精"、"宝"之类的时尚名称一笑置之，而把目光落在了"娃哈哈"三个字上。参与征集评定的专家认为这个名字太俗，但宗庆后不这么看。大众产品何必自命清高？

他的理由有三：一、"娃哈哈"三个字读音中的韵母"a"，是小孩子最容易发也最早学会的音节，朗朗上口，易于传播；二、从字面上看，"哈哈"是各种肤色的人表达欢笑喜悦之欢；三、一般人认为儿童产品的购买者是父母，应以之为主要促销对象，而娃哈哈这一品牌符号一开始就力图拉近与产品的最终消费者的距离。一言以蔽之，取这样一个别致的商标名称，可大大缩短消费者与商品之间的距离。事实证明，宗庆后的判断是对的，娃哈哈被孩子们接受，这三个字也被广为传播。

史玉柱在点评《赢在中国》选手时曾给了一位选手这样的建议："品牌的名字，一定要朗朗上口，听一遍就记得住。人的记忆主要靠视觉和听觉。相对来说，听觉上的记忆要远远大于视觉上的记忆。你现在这个品牌有瓢虫形象，适合视觉记忆，听觉上还差点。现在不少中国人喜欢外国品牌，你用英文名字没问题。但你一定要有一个朗朗上口的中文名，名字越简单越好，越日常越好。不要用那些记不住的东西。"

脑白金主要的功能成分在医学上叫做 MELATONIN（美乐通宁），意译为褪黑素，也叫做松果体素，是人脑腺体即松果体分泌的一种调节人体睡眠周期的激素。为了更直观、易记忆、利传播，脑白金在命名和宣传的过程中，避开了"褪黑素"专业技术性过强和不容易记忆的弊端，而选用了"脑白金"这个名字，这不仅更易于确立"脑白金"的商品概念，另一方面将产品和功能成分等同起来，有效建立了其他人进入的障碍。这种看似简单的命名手法，为脑白金开创并独占新的品类奠定了基础，并广泛地被许多企业所模仿发挥，如"商务通"、"鲜橙多"等均从中受益匪浅。史玉柱曾在一次演讲中谈到脑白金名称的由来，他说道："当时定名字也争论了半天，最后定下名字是在胶州，定为脑白金，当时不敢用脑白金，因为怕和脑黄金产生冲突，就是别人会误认为它是脑黄金的换代产品，因为脑黄金已经定位到儿童上面了——健脑，如果用'脑白金'的话会不会还会让人从健脑上去考虑，但最后还是用了这个名字，很多人认为这个名字有副作用，但是我们考虑可以想办法克服。"

史玉柱认为，好名字的好处是容易记忆，一个名字如果不上口、不容易记，往往就要花上几十倍的广告力度才能达到让别人记得住的效果，虽然名字不是唯一的使产品做好的依据，但是这是核心的重要的一个环节，凡是做好的产品，大多数名字取得不错。但也有个别名字取得不好的，最后做得还行的。如御苁蓉，名字不好，但终端做得非常好；康泰克，名字不好，但时间长，投入多也就做出来了。取一个好名字可以减轻很多的劳动量，减轻好多压力，脑白金名字取得是比较好的，有缺点，优点也很突出；红桃K名字好。凡是取名太大众化的都让人记不住，所以取名很重要，我们取名还是很成功的。

定位礼品的第一品牌

20 世纪 70 年代，艾·里斯、杰克·特劳特提出了奠定他们营销大师地位的广告定位论。他们认为，广告应该在消费者心智上下功夫，力争创造一个心理独有的位置，特别是"第一说法、第一事件、第一位置"等，创造第一，才能在消费者心中造成难以忘记的、不易混淆的优势效果。史玉柱对这点十分认同，他说：

"营销里面有个第一法则。你到哈佛去学习的时候，他会说一个案例。对美国人来说，谁是第一个飞越大西洋的人？一般都能回答得出来，但是问谁是第二个飞越（大西洋）的，就没人能回答出来了。谁是第三个飞越的？记得了。为什么？因为第三个是第一个女性飞越，她拥有了这个第一。

"你一定要在你的品牌建设里面，把你的第一给挖出来，然后猛宣传那一点。要做一个产品必须要做第一品牌，否则很难长久，很难做得好，不做第一就不能真正获得成功。"

在刚开始做脑白金的营销时，史玉柱首先做了一次"江阴调查"。由于白天年轻人都出去工作了，在家的都是老头老太太。"我们一去，老头老太太们就很高兴，我搬个板凳坐在院子里跟他们聊天，在聊天中进行第一手的调查，了解他们的需求和消费特点。"

当时，史玉柱与他们谈的话题大致是"你吃过保健品吗"，"如果可以改善睡眠，你需要吗"，"可以调理肠道、通便，对你有用吗"，"可以增强精力呢"，"价格如何，你愿不愿使用它"，等等。史玉柱发现，这些老人都会说："你说的这种产品我想吃，但我舍不得买。我等我儿子我女儿买！"老年人收入有限，他们往往不好意思直接告诉儿女，而是把空盒子放在显眼的地方进行暗示，希望儿女来买。

史玉柱表示，中国的传统，如果给老人送礼就是尽孝道，这又是一个传统美德。所以我们回来就讨论，这个定位必须要对（老头老太的）儿子女儿说，不要说得太多，就说两个字——'送礼'。所以我们当时市场调研下来得到这样一个结论。

史玉柱敏感地意识到其中大有名堂，他因势利导，后来推出了家喻户晓的广告"今年过节不收礼，收礼只收脑白金"。"根据我们的统计，脑白金的消费差不多70%左右其实还是通过"送礼"，也就是，老年人对脑白金的消费，70%左右是子女或者其他人送的，主要是靠子女送的。只有不到30%是自己买的。基本上是这样一个比例。"

保健品作为礼品宣传，其他厂家也曾经尝试过，比较成功的是洋参类。三株、红桃K等也提出过送礼概念，不过是在原来功效及品牌宣传的基础上，在特殊时期表现的亲情诉求，不会作为长期宣传的目标。这些保健品大多愿意给自己穿上一件正式的、专业的外衣，那就是"药品"。

但是，脑白金的产品定位则明显不同。脑白金以强势定位"今年过节不收礼，收礼只收脑白金"，语气间霸气十足，似乎是礼品的第一选择。脑白金一直突出自己是一种礼品，是一种能带给人健康的礼品，并极力宣传一种送礼更要送健康的消费理念。为了将脑白金做成礼品，史玉柱在产品的剂型上花费了一些心思。"产品的剂型我们也经过了很多周折，最早报批的产品是胶囊+胶囊，一个胶囊是褪黑素，一个是卟啉铁，一红一白两粒胶囊，后来报批过程中发现这样的剂型有问题，这个产品不适合送礼，因为这个产品体积太小，重量又轻，1997 年 1 月份，报批后又突击修改了，改成了'胶囊＋口服液'，改的目的还是为了把体积变大一点，做送礼市场，第一次报批没批下来，第二次又没批下来，直到第四次 1997 年 12 月才批下来，1997 年在江阴试销时，产品连批号也没有。"

脑白金产品的礼品定位带来了脑白金的销售成功，据有关调查，用于礼品的购买者远高于为功效而购买者。而"收礼只收脑白金"直白式、排他性的密集型传播对脑白金"专门礼品"的品牌形象更是功不可没。

脑白金的广告语——"今年过节不收礼，收礼只收脑白金"，抢占了一个独一无二的定位：与传统中用以送礼的烟酒等"不健康礼品"相区别，送脑白金体现的是送礼送健康、送关心、送爱护，因为随着消费水平和物质生活的提高，人们追求一个健康的身体胜过一切，送脑白金较之传统送烟酒等不健康礼品具有显著的优势。正是因为礼品与脑白金画上等号的做法，塑造出脑白金与众不同的形象，这样的定位有"送礼品舍我其谁"的十足霸气，使得消费者想到礼品，就想到脑白金，脑白金成为礼品中的第一选择！

并且这个广告使脑白金与其他众多保健品区分开来。中国的保健品随处可见，大街小巷的平面媒体、电视里的广告大战、药店里的各种促销活动，都在提醒着你，保健品就在你身边。然而，多数的保健品都会将自己定位为"药品"，使它披上一件专业的外衣。脑白金却相反，将产品定位为礼品，这种在保健品身上增加礼品概念的做法，是其他竞争者所不具备的，也是凭借这种概念上的创新，让脑白金迈向了成功的蓝海。

  "礼品营销",最初并非是史玉柱发明的。在"脑白金"甚至"三株"以前,很多食品、酒类产品都相应推出礼品装,"送礼送健康"已经被众多保健品用来诱导顾客,但是能把"礼品营销"发挥到极致的,却非脑白金莫属。因而,脑白金也就成为送礼第一品牌。

  将脑白金定位为礼品有一些好处:

  (1)在广告促销上,可以避免像其他保健品那样受到工商、药监等部门的审查。这样一来,脑白金的营销形式就更加灵活;

  (2)由于定位是礼品,因而脑白金不仅可以继续利用传统的药店分销渠道,而且可以利用商场、超市等分销渠道来增加与消费者接触的机会,这样消费者购买的可能性也就更大;

  (3)利润空间更为广阔、自由。如果定位为一般的安眠药品,产品的价格也就不得不按照安眠药的市场行情来做,从而使产品的利润空间大大受限。但脑白金定位为礼品,正好符合中国的送礼文化,"礼尚往来"确保了产品销量;

  (4)由于脑白金针对的是中老年人,正常服用的话每天7元钱左右,这对一些老年人来说不容易接受。定位在礼品上,其目标是老人的子女和其他送礼的人。作为礼品,100多元钱是很正常的价位,因而它也就进入人们选择的"菜单"当中了。

  中国是一个节日和庆典比较多的国家,自古以来,中国民间就有互相送礼表示祝贺的风俗习惯,这样一个背景也给脑白金的礼品定位增加了不少的可能性。

  由于礼品一般都是成本低、定价高的,因此,脑白金就可以在与竞争者成本差不多的情况下,将产品价格定为竞争者的几倍甚至十几倍,从而获得更大的利润空间。

认定了这个市场机会后，史玉柱毫不犹豫地进行了"战场"的快速转移，将脑白金品牌带上了一条短期利润丰厚的高速路，也从现实中进一步促进了速战速决战略思想的形成和实施。

脑白金就是这样，它不仅创造出了一种作为礼品来消费的保健品的概念和与之相对应的新兴市场，而且还通过同样新颖独特的广告战略作为支撑，将这种新概念推广，从而彻底抢占了这一新市场，将竞争者远远地甩在后面，独自游弋在蔚蓝色的平静海面上。

消费者才是营销专家

市场营销就是研究有关市场的消费者心理和行为，并根据其特点制定相应的营销策略，所以，说白了，市场是消费者的市场，没有消费者就没有市场，如何认识市场就是如何认识消费者，对市场的研究，对营销的研究，实际上就是对消费者的研究，因此，消费者才是一切营销活动的原点和归宿点。

全球最大连锁零售商，世界500强沃尔玛的创始人山姆·沃尔顿就曾经说过："我们唯一真正的老板只有一个，那就是顾客，只要他们把钱花到别的地方，就等于是炒了我们的鱿鱼，公司每个人的饭碗，都可能不保，就算是董事长也难以幸免。"

世界上最著名的广告公司之一奥美广告在为客户服务过程中，也十分重视对消费者的研究，他们曾经为了了解年轻人，走进年轻人的生活，通过录像，对他们每天的生活进行真实的记录，根据录像里年轻人的言行去发现了解他们的心理与需求。他们曾花费了800

多个小时与啤酒饮用者、披萨饼爱好者、投资银行家、气喘病患者、小业主、年轻的母亲和网站设计者一起购物、吃喝、谈笑，完全融入他们的生活进行深入了解。

史玉柱的营销观点同样如此，那就是"营销是没有专家的，唯一的专家是消费者，就是你只要能打动消费者就行了"。

1995年2月，史玉柱下达"三大战役"的"总动员令"，也就是保健品、医药、软件的"总动员令"。广告攻势是史玉柱亲自主持的，第一个星期就在全国砸了5000万元广告费，把整个中国都轰动了，史玉柱在各大城市报纸上投入的广告不是整版，是跨版，一时间风光无限。但问题就出在这里，后来一评估，知名度和关注度都有，但广告效果是零。史玉柱后来总结道："因为我们根本不知道消费者需要什么。由此我就养成一个习惯，谁消费我的产品，我就把他研究透。一天不研究透，我就痛苦一天。"

后来，史玉柱做脑白金、《征途》的时候，都非常注重与消费者进行交流，研究他们的需求，史玉柱从中也受益匪浅。"做脑白金，我和300多位潜在的消费者进行了深入的交流，对市场营销中可能遇到的各种问题摸了个透。为了进一步了解消费者对产品本身的反应，还向一些社区的老人赠送脑白金，并在一个街道搞了一个座谈会，听取老人们对产品的意见。"

史玉柱培养了一支队伍，要求他们每个人每个月必须至少要跟100个消费者进行深度交谈。"必须本人拿着产品上街推销，推销不出去就罚钱，卖掉了就作为奖金。这就逼着他在推销的过程中去完善他的说法。一旦他的说法见一个消费者就成功一个，就把他的话总结下来，变成广告。我的策划从来都是到市场里面去，从消费者那里学来的。"

史玉柱曾经很坦白地说："我的成功不是偶然因素，是我带领团队充分关注目标消费者的结果。我今天的成功和过去的失败有很大关系，过去的失败是因为管理和战略的失败。"正是前一次的失败给了他深刻的教训，让其明白遵循规律的重要性。史玉柱进军网游领域时，就是以自己作为一个玩家的角度，依其市场规律，顺其消费需求来开发游戏的。

做《征途》，史玉柱就不断和玩家进行交流，并以玩家的需求为原动力进行设计，增加相应功能，一切都围绕着玩家的需求。史玉柱坚持在开发《征途》这款游戏的过程中与 2000 个玩家聊天，每人至少 2 小时。按 2 小时计算，2000 个人，就是 4000 个小时。一天按 10 个小时算的话，也要聊天 400 天。由于亲自与玩家交流很久，因而他知道玩家需要什么样的游戏，讨论完再做，几乎百分之百都是玩家推动的。

史玉柱认为，了解游戏玩家的心态比了解脑白金消费者的心态要简单得多。"你要了解保健品消费者的心理，你要跑，像我以前就是到农村去呀、到商店去呀，和买脑白金、买其他保健品的消费者聊天，了解他的习惯、喜好。""而了解网络游戏的玩家就很简单，你去玩就是了，去和他聊天，很简单。不用离开电脑就能做到。"

史玉柱每天都会用 15 个小时体验自己公司开发的产品。这是史玉柱唯一的解压方式，也是他最大的爱好。在玩网络游戏的同时，他不断与玩家交流，根据玩家们的意见与研发人员沟通，进而调整游戏内的设置或是开发新的系统。"我睡眠时间相对比较短，剩下时间就跟玩家交流，另外我在游戏里面和开发人员也在一起，我玩游戏时一个窗口是游戏，一个窗口是研发的群，有什么问题我直接在群里面和他探讨。"

史玉柱说："玩家的骂声是割舍不去的爱，玩家有自己的标准，你达不到他的标准他就会骂你。为什么好游戏骂声多就是在这里，因为他对你太关注了，对你有感情了。我曾做一个版本进行内测，内测的时候发现有 1/3 的玩家不喜欢，我们对 1/3 版本全部返工，这对我们打击是非常大的。这个返工是在玩家指导下。任何一个团队自己想和玩家想都有差距，所以玩家的骂声我是很在意的。像《魔兽》被骂得也很厉害。如果哪个不被骂的肯定是没戏的，至少目前找不到不骂可以成功的游戏。"

在巨人网络公司里，人人都是调查员，根据不同需要，策划、研发、技术、客服、市场，甚至写宣传稿的都在做"市场调查"。史玉柱还常常采取奖励的办法鼓励玩家"提意见"。"市场调查"在巨人网络是一项"全民运动"，巨人网络员工之间流传着"和玩家'套近乎'10大招数"等"市调宝典"。

曾经和史玉柱患难与共的刘伟，现在是巨人网络的总裁。刘伟深有感触地说："尊重消费者的感受，这是我们团队创业 18 年来最真切的体会，也是我们巨人网络要深刻体会的味道。每年都有新产品问世，在竞争的世界里，是谁掌握生杀大权？是客户玩家，他们才是真正的主角。他们有充分的能力和自由做选择，所以谁最了解玩家，谁最尊重玩家，谁能够满足玩家需求，谁就能赢。所以为什么我们要对我们产品的功能一再地优化，完全在于玩家。为什么需要创建平衡的虚拟世界，让花钱和不花钱的玩家都找到乐趣，是因为我们最注重游戏的平衡性。所以在巨人网络，每一位员工都知道的一句名言是'消费者是我们最好的老师'。"

　　丰田公司为了设计出适合美国人使用的汽车，曾派人到美国用户家中去调查。一位日本人以学习英语为名，跑到一个美国家庭里居住。奇怪的是，这位日本人除了学习以外，每天都在做笔记，美国人居家生活的各种细节，包括吃什么食物、看什么电视节目等，全在记录之列。三个月后，日本人走了。此后不久，丰田公司就推出了针对美国家庭需求而设计的价廉物美的旅行车，大受欢迎。该车的设计在每一个细节上都考虑了美国人的需要，例如，美国男士（特别是年轻人）喜爱喝玻璃瓶装饮料而非纸盒装的饮料，日本设计师就专门在车内设计了能冷藏并能安全放置玻璃瓶的柜子。直到该车在美国市场推出时，丰田公司才在报上刊登了他们对美国家庭的研究报告，并向那户人家致歉，同时表示感谢。

　　这件发生在 20 世纪 90 年代的小事说明了丰田公司对消费者研究的细致程度。正是通过这样系列、细致的工作，丰田公司很快掌握了美国汽车市场的情况，终于制造出了适应美国需求的轿车。

容易记住的广告是好广告

　　一位著名的诗人曾经形象地比喻"广告是企业的化妆师"。他的话的确不无道理。现在广告已经成为人们公开而广泛地向社会传递信息的一种宣传手段。人们借助于广告宣传自己的企业，推销自己的产品，美化自我的形象，广告给现代经济社会带来了一道亮丽的风景，也给众多的企业注入了一种年轻的活力。

纵观史玉柱近 20 年的创业史，不难发现，史玉柱是一个对广告与其说是钟爱不如说是偏执的人——也许中国再也找不到第二个对广告如此偏执的创业者了。史玉柱说："一个面向千家万户的产品，要想家喻户晓，你说还有什么比广告更快？我想象不出还有什么更好的方法。"

脑白金历史上效果最好的广告是刚开始时拍的，当时史玉柱只有 5 万元去拍广告，结果只花了 1 万元。他们请了广州话剧团的一位演员，他的表情很夸张，喊着"今年过节不收礼，收礼只收脑白金"，甚至有点娘娘腔。这个广告拍摄质量非常差，很难看，只能在县级台或市级台播，省一级的电视台都不让播。但是很奇怪，这个广告播出一周，商场销售终端的货全卖断了，没几天，脑白金的销售量就上去了，后来史玉柱他们研究后得出的结论是：观众因为讨厌才印象深刻，脑白金真正地打开市场和这个广告密不可分，史玉柱表示当初是误打误中，做了那个广告。2001 年，史玉柱讲述了当时脑白金广告的策划过程，他讲道："1998 年八九月份启动的江苏常熟，第一个月没有赚钱，但是第二个月开始就有可观的利润了。后来就用这个利润去滚，所以就在珠海拍了两部片子，一个是两分钟的专题片，但是效果不理想，后来就停了。

"另外又拍了一个就是现在大家都看得非常讨厌的娘娘腔的那个 10 秒广告，人看人厌。拍了之后，我们总部觉得还可以，但是分公司和办事处看了之后感觉很丑陋，不肯播放。

"后来 1998 年年底和 1999 年年初春节那阶段，还是在一些地方播放了，那年启动的地方不多，但是销量不错，我们已经销量 2 万多件了。春节之后我们总结教训时，好几个地方说这个不能播了，甚至于消费者跑到电视台去投诉，由于分公司给我们的压力太大，所以这个广告片就不播了。"

随后，为了提升产品档次，1999 年，脑白金请来了相声演员姜昆与大山重拍广告。

"因为我们的调查表明家庭妇女喜欢大山，而她们又是'脑白金'的主要购买人群。"但谁知就是这个略显"阳春白雪"的广告竟然卖不动货。无奈，脑白金又换回了第一个广告，结果，市场反应迅速，销售业绩一片大涨。史玉柱分析原因道，因为现在广告太多了，每天晚上一个人要看几百个广告，99%的广告大家是记不住的，没被记住的等于广告白做了，尤其越美的广告越没印象。"有人认为广告讨厌，就不买产品，但我们跟踪发现，多数人到了商场的时候，要买东西送礼，他往往想到印象最深刻的那一个，潜意识里他还是买了。所以说做什么都要务实，从企业的角度来讲，能卖产品才是好广告，不能卖产品的广告对我们的企业来说就不是好广告。"

正是这件事，让史玉柱坚定了走广告实用之路线，即卖货第一。2002 年，脑白金广告开始以卡通老人的形式出现，相比较而言，不仅制作费用降低了很多，同时也吸引了消费者。

然而，许多广告专业人士都觉得"脑白金"广告做得臭，连续几届将脑白金广告评为"十差广告"之首。但史玉柱发现越是做得差的广告，销售越是好。

从此，脑白金坚定了这种单一的广告传播形式，本质不变，形式稍作改变。于是，人们在 6 年内看到了多种版本的卡通老人广告。如群舞篇、超市篇、孝敬篇、牛仔篇、草裙舞篇及正在播出的踢踏舞篇，而广告词却是高度的一致，不是"孝敬咱爸妈"就是"今年过节不收礼，收礼只收脑白金"。卡通老人版广告给人留下的印象反而比姜昆、大山版广告深刻，很多人记不清姜昆、大山说了些什么，但对卡通老人的每一丝表情都记得很牢，模拟起来绘声绘色，效果非常好。

史玉柱说："不管观众喜不喜欢这个广告，你首先要做到的是要给人留下印象。广告要让人记住，能记住好的（广告）最好，但是当时我们没有这个能力，我们就让观众记住坏的。观众看电视时很讨厌这个广告，但买的时候却不见得，消费者站在柜台前面对着那么多的保健品，他们的选择基本上是下意识的，就是那些他们印象深刻的。"

其实史玉柱早就有能力可以把广告拍得更美一点，但给人的感觉好像史玉柱并没有选择把广告拍得更美一点。史玉柱表示："实际上我们决定用哪个广告，美不美，没有作为标准。消费者哪个印象深刻，印象深刻他才能记住你的产品。印象深刻我是作为一个衡量指标的，后来发现这样的话老百姓反感的越来越多了，我们才增加了一个指标。就是印象深刻的同时再给我增加美感，但美感也不能增加过度，有时候增加过度了销售额又会下降。"

2001年，黄金搭档上市，史玉柱为它准备的广告词几乎和脑白金的一样俗气："黄金搭档送长辈，腰好腿好精神好；黄金搭档送女士，细腻红润有光泽；黄金搭档送孩子，个子长高学习好。"

在史玉柱纯熟的广告策略和成熟的通路推动下，黄金搭档很快走红全国市场。原来人们骂脑白金的广告恶俗，连年把它评为"十差广告"之首，现在"十差广告"的第二名也是史玉柱的了，因为黄金搭档上来了。

史玉柱自我解嘲道："我们每年都蝉联十差广告之首，十差广告排名第一的是脑白金，黄金搭档问世后排名第二的是'黄金搭档'，但是你注意十佳广告是一年一换茬，十差广告是年年都不换。"

即使如此，这两个产品依然是保健品市场上的常青树，畅销多年仍不能遏止其销售额的增长。史玉柱表示自己做广告的一个原则就是要让观众记得住。"我觉得广告效果第一肯定是追求观众记得住，观众记得住，往往会伴随着不太高兴甚至厌恶感，因为你看电视剧的时候突然来一个广告，我想没有哪个观众会喜欢这个事，记住你了，自然对你的印象就不好。"

史玉柱说道："脑白金的广告已经成了中国广告史上的一个经典，尽管无数次被人指责为功利和俗气，但它至今已被整整播放了 10 年，累计带来了 100 多亿元的销售额，2007 年上半年脑白金的销售额比 2006 年同期又增长了 160%！"

脉冲式的广告投放

很多人对脑白金的广告轰炸不屑一顾。但真正对脑白金有研究的人才知道脑白金为什么要那么做——对于脑白金这样的品牌，如果不能保持第一的位置，它就会迅速衰退。也许广告轰炸的代价很大，但是不那么做，代价也许会更大。

史玉柱表示，做广告，就是在走钢丝。与其在走的时候停停留留、犹犹豫豫，不如鼓足勇气一走到底。

2006 年中央电视台黄金时段广告招标，脑白金以 9400 万元第 8 年中标。有人担心脑白金重蹈秦池、爱多等标王的覆辙。人们认为脑白金广告投放有危险。

当年央视广告标王"秦池的梦想"就是"每天开进央视一辆桑塔纳，每天开出一辆奥迪"。然而，随着孔府宴酒、秦池、爱多等名噪一时的"标王"先后败走麦城，舆论对"标王"的质疑又走向了一个极端——"谁是标王谁先死"，"标王"仿佛成了一个不祥的称号。

2002 年 3 月，史玉柱曾对脑白金"标王事件"进行了答疑，他表示，在央视投放广告其实是巨人（投资）对广告策略进行的调整，变过去以地方广告为主为全国性广告为主，过去的常年广告改变为季节性广告为主。2001 年 4 个月旺季投入广告 1 亿元，而单月销售收入就超过 3 亿元。史玉柱表示，在这一点上，脑白金和秦池、爱多这些昔日标王还是不同的。"我们是不去蛮干的。除了生产，我们最大的支出是广告，但还是要把每一分钱掰成几瓣用。我们的广告肯定是做得最成功的，而成本与一些大企业比却可能连 1/3 都不到。"

很多人认为史玉柱的脑白金属于实事营销学或者说是广告轰炸学一类的，史玉柱表示：

脑白金的广告原则是将销售额的 3% ~ 15% 拿来做广告。定这个原则的时候，月销售额是一两千万，后来没几个月销售额涨成一个亿，一涨成一个亿广告费一下子增加了好几倍。后来史玉柱一看这个效果也挺好，就不改了，还是根据这个原则来提广告费。

史玉柱曾和海尔、哈药六厂负责人交流过，他们都同意史玉柱的观点，产品广告投入不能少，只有投到一定规模才合算。

2001 年，史玉柱的广告投放量是一个多亿。如果真拿一两个亿来"轰"的话，是不是不管什么产品都可以打开市场？史玉柱的回答是：不一定，不一定，这个不一定。这里面有广告策略的问题，很多企业，一年的广告投放量都超过一个亿，但市场回报远远不到这个数。

这其中，有一些诀窍，史玉柱说道："脑白金的市场主要有两大块：一是功效市场。这个市场比较稳定，一年大概有 5 亿左右的销售额；二是送礼市场。送礼市场的波动性非常大，这就需要一些广告策略。"

脑白金的广告投放一直都以脉冲式的方式投放，脑白金会根据市场需求和淡、旺季来决定广告的加量、减量。"实际上我们是有脉冲的，2 月至 9 月初的广告量是很小的。每年有两次高潮：一个是春节，一个就是中秋。中秋密度最大的是倒推 10 天，春节是 20 天，加在一起才 30 天，拉到全年成本并不高。这 30 天我是不惜血本，砸到让人烦的。这些天过去之后，你看到一次我的广告，就又会反感起来，会觉得我们的广告是很多的，实际上已经减了一大半了。这里面其实有很多技巧，全是我自己摸索出来的。

"只要是子女回家回得比较多的，就是我们的旺季。因为现在子女跟父母住在一起的人，毕竟不是多数，大部分人，春节都要回家看看爸爸妈妈，看看丈母娘，这时候是我们的最旺季。光一个春节的销量，一个多礼拜 10 天左右，销量能占我们全年销量的 50%。所以这时候我们的广告会非常集中，会很烦人。中秋节一过你又找不到我们的广告了。所以我们的广告虽然给人感觉很多，但其实我们花的钱、花的广告费并不多，总量前 50 都排不到。我们总量不算大。"

口碑相传：没有回头客做不大

史玉柱回忆说："在珠海巨人集团出现危机之前，我去了趟美国，发现那里的人都在买这种（褪黑素即"脑白金"）产品，因为它可以改善睡眠。我便买了一些回来，给我的研发机构，要求他们研究。我当时要求我的所有中层干部和科研人员必须每天服用脑白金，体验它的效果，我自己也参与人体实验，发现疗效确实不错。很快我们的脑白金研制出来，并开始向国家报批。结果，国家还没批下来，珠海巨人集团的危机就产生了。"

珠海巨人危机之后，史玉柱决定搞保健品时，就定下一个原则："必须是有科技含量的，是真正有效的，这种效果不用依赖广告宣传，消费者自己就能感觉到。"

脑白金正符合这种要求。史玉柱表示，自己吃过脑白金，感到有效果，才敢最终决定做"脑白金"。好的产品能产生好的口碑，因为消费者最迷信的人是他所认识的人，口碑的杀伤力最大，成本也最低。

口碑是消费在消费过程中，满意于某种商品或服务的使用价值，并在情感满意的基础上，自发地向身边人宣传某种商品或服务的行为。由于口碑是面对面，在熟人关系中发生，并不具有明显的商业性目的，因此降低了消费者对硬性推广的排斥，并基于熟人体验营销的感同身受，更容易建立对某种产品或营销的信任感。

英国的一个机构在实施调查时发现：当消费者被问及哪些因素令

他们在购买产品时更觉放心时，超过 3/4 的人回答"有朋友推荐"。大量的调查报告均显示，人们想了解某种产品和服务的信息时，更倾向于咨询家庭、朋友和其他个人专家而不是通过传统媒体渠道来进行了解。

史玉柱在江苏江阴做了长时间的市场调查后也发现，保健品市场广告的作用只占不到 20%，而"口碑"占 80%，没有"回头客"的保健品是无法做大的。"在江阴，刚开始时，我在一个街道向一批老头老太赠服脑白金，后来开了一个会，他们都说有效。这就使我看到希望，但是能发展得这么快，我真没想到。"

史玉柱认为，脑白金能从众多的保健品牌中脱颖而出，巨额广告投入并非其唯一成功法门。这些年广告年年涨价，成本太高，靠广告根本撑不住市场。如果没有回头客，后果不可想象。史玉柱表示，保健品要成功，必须过三关：产品关、宣传关、管理关。这三关中最重要的是产品关。脑白金之所以成功，是因为产品关过得很"精彩"。广告很重要，没有广告肯定不行，但产品是基础。"当时，我手里掌握充足的资料，在学术界，我们查过 8000 多篇论文，有 7000 多篇论文对它是充分肯定的，理论上站得住脚。更重要的是，保健品最怕别人吃过后说'吃和不吃一个样'，能让消费者服用之后马上有感觉的保健品本来就少，当时差不多有近 10 个类似的产品备选，选中它就是因为见效最快。"

在低谷的时候，史玉柱曾经深入研究过保健品市场。史玉柱发现中国的保健品，10 个里面有 9 个是不赚钱的。为什么不赚钱？因为产品功效不明显，或者也可能有功效，但消费者感觉不到功效。那么就特别依赖于广告。广告一打，销量就有；广告一停，销量就停。

它的市场没法靠口碑去维持。史玉柱指出，实际上在广告高投入的时候是不赚钱的。老是不赚钱，企业肯定受不了。所以保健品要赚钱，必须靠口碑相传，靠口碑相传来起到广告效应，赚口碑相传的钱。

史玉柱认为，好的产品才能形成好的口碑。提到脑白金，史玉柱总免不了再一次提到"江阴调查"，是因为江阴调查在珠海巨人集团事件后，是一个分水岭，从此，史玉柱对巨人的东山再起有了信心。

那个时候，史玉柱戴一副墨镜，走街串巷，走访了逾百位消费者。他也会在街上主动跟人打招呼：如果有一种药，可以改善你的睡眠，可以通便，价格如何如何，你愿不愿意使用它？

一段时间后，史玉柱在一个街道搞了个座谈会，他以脑白金技术员的身份出现，对脑白金的效果进行了讲解，后来发现人们反馈效果特别好。"有的人甚至说，老人斑都褪了。"

史玉柱表示，有这么好的口碑，就已经能预测到全国的市场能做多大。"1998年3月座谈会以后，我说我们有戏了，我们能做起来了，靠这个口碑的力量就能把我们的市场做出来了。到那个时候，我对中国的保健品市场已经很熟了。"

2002年3月14日《南方周末》发表《脑白金真相调查》一文，对"脑白金"的炒作进行了揭露。史玉柱也曾专门赶往广州，为阻止《脑白金真相调查》进行过努力，然而这篇文章还是被发表了。史玉柱创造的又一个奇迹是，在被《南方周末》揭露以后，并没像三株、彼阳牦牛壮骨粉等品牌一样迅速"死去"，而是继续保持了较高的增长速度。对于媒体质疑的脑白金功效，史玉柱认为不容置疑。2002年3月，史玉柱在接受媒体采访时说道："脑白金是国家卫生部批准生产的保健品，同类产品也有80多种。功效如何，消费者最有发言权。我们现在有 5 亿～ 6 亿元的销售来自回头客。

"对比脑黄金而言，脑白金不仅是理论上有效果，而且让消费者可以自己感觉到它的效果，这是很神奇的。所以脑白金畅销 6 年，每年销售回款 10 亿元，我们产品顾客的回头率达到 60%。最好时每月有 2.5 亿元回款，而脑黄金最好时才 4000 万元。"

根据史玉柱分析，批评脑白金的人多数没吃过脑白金，而吃了脑白金的人一般不会主动对媒体说，他们没有对媒体宣传的义务。脑白金在消费者中靠口碑宣传，赢得的是回头客，却由于老大的身份而背负起保健品行业的骂名。"这个问题你应该去采访消费者。现在我们销量的 80% 是回头客带来的。如果你说产品是骗人的，他们怎么会回头呢？真正说脑白金没有效果的人不超过 10%。我自己也吃这个产品，平时出差都随身带着。"

史玉柱认为，口碑宣传是最重要的，时间最能说明问题。脑白金刚成功的时候，很多人说不用一年就垮掉，结果卖了快 10 多年，还是同类产品的销售冠军。

"软文" 炒作的诀窍

顾名思义，软文是相对于硬性广告而言，由企业的市场策划人员或广告公司的文案人员来负责撰写的"文字广告"。与硬广告相比，软文之所以叫做软文，精妙之处就在于一个"软"字，它将宣传内容和文章内容完美结合在一起，让用户在阅读文章时候能够了解策划人所要宣传的东西，一篇好的软文是双向的，即让客户得到了他想需要的内容，也了解了宣传的内容。

脑白金面世的时候，保健品行业刚刚遭遇"三株垮台"、"巨人倒闭"的连环事件。整个舆论界、消费者对保健品行业的信心自"鳖精"之后，第二次陷入低谷。

由于老百姓消费的理性，并且对保健品信心不足，电视广告、报纸广告促销效果非常差。如何去说服消费者呢？经过认真的分析研究，史玉柱决定选择在报纸上做"软文广告"，也就是新闻广告。在报纸上刊登软文广告，早在20世纪80年代，"101毛发再生精"就成功应用过，这并不是脑白金的首创。脑白金的创新之处是它将软文广告发展到了登峰造极的程度。

软文广告，它是相对于硬性广告而言的，由企业的市场策划人员或广告公司的文案人员来负责撰写的"文字广告"。与硬性广告的直白相比，软文广告追求的是一种"春风化雨"、"润物无声"的传播效果。

广义的软文是指企业通过策划，在报纸、杂志或网络等宣传载体上刊登的，可以提升企业品牌形象和知名度，或可以促进企业销售的一种宣传性、阐释性的文章，包括特定的新闻报道、深度文章、付费短文广告、案例分析等。

在脑黄金时代，脑黄金在电视广告等硬广告全面开花的同时，史玉柱要求加大软性宣传的比重，注重收集消费案例，进行脑黄金临床检验报告、典型病例以及科普文章的宣传。为了配合宣传，《巨人报》的印数达到了100多万份，以夹报赠送和直投入户等方式广为散发，成为当时中国企业印数最大的"内刊"。

史玉柱说："软文是我们的传统，脑黄金软文有几篇还好，大部分现在看起来还是有点枯燥，但是第一次做，能做到这样也已经很好了，软文的思路不如脑白金的思路，主要是以说理的形式，签上专家的名字，主要是说国外这个东西怎么怎么疯狂，国内现在也需要健脑了，然后健脑最好的方法是什么，主要是按照这样的一个思路，通过说理的方式。当时搞了十几篇，这个软文有效果，在脑黄金还没有登场以前，尤其在消费者没有产生任何抵抗力以前，还不了解情况的前提下，首先就接受了有关的概念，就是国外健脑很风靡，国内也需要健脑，健脑最好的东西是一种 DHA，DHA 又被称为脑黄金，这个铺垫好之后，后面再打广告就很快能做下来。"

史玉柱表示，做软文是从脑黄金开始的，而脑白金的软文基本上是脑黄金的翻版，但是比脑黄金做得好。脑白金在启动市场的阶段，以宣传功效为主，在"问题认识"及"信息收集"环节对消费者施加影响。刚开始进行脑白金营销的时候，由于资金有限，史玉柱做不起电视广告，他出了一本《席卷全球》的书，一共 100 多页，用 DM 直投的方式免费赠送给消费者。这本书中大肆宣传美国人如何为"褪黑素"（脑白金）疯狂，这种奇特的产品说明书在当时可谓媒介重磅"原子弹"，让许多消费者乃至业内人士都为之信服。"那本书里绝大部分内容都是有根有据，能查得到的。把这些资料汇编成一本可读性很强的书，这本书本身是一本推销的工具，同时又是我们宣传的一个蓝本。基于这个思路我们写了这本书。"

《席卷全球》是脑白金营销体系的一部分，这本书没有过多涉及脑白金这个产品，而是让消费者了解褪黑素，又名脑白金，是人体不可缺少的荷尔蒙，从原理的角度讲解了脑白金的概念。这本书为脑白金产品的上市做了铺垫，让消费者看到脑白金这个产品的时候不会感到陌生。"写《席卷全球》的时候，产品没有定位。现在的定位应该是成功的，我们产品主要定位在延缓衰老、肠胃、睡眠、女性。"

史玉柱回忆道："1998 年 1 月，脑白金启动武汉市场，开始试销，然后回到珠海关了 1 个月进行研讨，完成了市场定位，最后决定了以软文为主，不做电视。做电视没钱，电视在江阴做得一塌糊涂，又没有效果，所以我们决定用'书 + 软文'来启动市场。当时我们想启动一个城市 1 个月不超过 10 万元，当时我们就开始组织大家一起写软文。"

躲在"避风塘"里的史玉柱将他的策划班子连同一大堆事先准备好的资料，悄悄拉到常州一家酒店，包下几个房间，集中起来进行全封闭式的软文写作。写好之后统一交给史玉柱审阅。史玉柱则按事先拟定的软文写作标准进行对照，稍不吻合即被退回重写，反反复复几个回合之后，确定了一批"千锤百炼"的候选作品。然后，将这些候选作品拿到营销会议上，一篇一篇地朗读，让来自各地子公司的经理们一轮一轮地投票表决，最后按得票数确定要用的软文。《女人四十一枝花》、《一天不大便等于抽三包香烟》、《人类可以长生不老吗》之一、之二、之三等软文都是那个时候完成的。

史玉柱要求选择当地两三种主要报纸作为软文的刊登对象，每种媒体每周刊登 1 ~ 3 次，每篇文章占用的版面，对开报纸为 1/4 版，四开报纸为 1/2 版，要求在两周内把新闻性软文全部炒作一遍。

另外，史玉柱还对文章的刊登方法做出十分细致的规定，例如，要求文章周围不能有其他公司的新闻稿，最好选在阅读率高的健康、体育、国际新闻、社会新闻版，一定不能登在广告版，最好是这个版全是正文，没有广告。文章标题不能改，要大而醒目，文中的字体、字号与报纸正文要一致，不能登"食宣"字样，不加黑框，必须配上如："专题报道"、"环球知识"、"热点透视"、"焦点透视"、"焦点新闻"等类似的报花，每篇文章都要配上相应的插图，而且每篇软文都要单独刊登，不能与其他文章结合在一起刊登。

炒作完一轮之后，要以报社名义刊登一则敬告读者的启事："近段时间，自本报刊登脑白金的科学知识以来，收到大量读者来电，咨询有关脑白金方面的知识，为了能更直接、更全面回答消费者所提的问题，特增设一部热线……希望以后读者咨询脑白金知识打此热线。谢谢！"而这部热线，自然是脑白金内部的电话。

史玉柱把软文炒作的要点，总结成了妙趣横生的八十字诀：

软硬勿相碰，版面读者多，价格四五扣，标题要醒目，篇篇有插图，党报应为主，宣字要不得，字形应统一，周围无广告，不能加黑框，形状不规则，热线不要加，启事要巧妙，结尾加报花，执行不走样，效果顶呱呱。

脑白金的软文大量用于市场启动阶段，在企业没有亮相、消费者尚未产生戒心时，将脑白金这一概念和作用植入消费者脑海，为日后的品牌推广打下良好的概念基础。脑白金以低成本、高效率的软文传播为开路先锋，随即开始了以重点突破为基础的快速、全面的扩张行动，在极短的时间内迅速完成了全国范围内市场导入和市场成长任务。

脑白金的软文质量较高，许多文章都被誉为医药保健品策划里的经典之作，并达到了迷惑当时报刊编辑的水平，许多编辑将脑白金的软文作为健康知识引用到报纸上。脑白金还将报纸软文模式搬到了电视上，在地方电视台设立"科技博览"、"生活百态"等栏目播放《生命领域的两大震撼》、《20亿美元的太空试验》、《白鼠立大功》等广告专题片，增加产品的权威性，与报纸的宣传相互交错，对消费者进行深度说服。

下面便是当时最有冲击力的软文——《两颗生物"原子弹"》。

本世纪末生命科学的两大突破，如同两颗原子弹引起世界性轩然大波和忧虑：如果复制几百个小希特勒岂不是人类的灾难？如果人人都能活到150岁，且从外表分不出老中青的话，人类的生活岂不乱套？

一、"克隆"在苏格兰引爆

在苏格兰的一个村庄，住着一位53岁的生物科学家，他就是维尔穆特博士。他培育了一只名叫"多利"的绵羊，为此他本人获得的专利费也不会超过2.5万美元。但这头绵羊和脑白金体的研究成果一样，形成世界性的冲击波。从总统至百姓无不关注培育出"多利"的克隆技术，克林顿总统下令成立委员会研究其后果，规定90天内提交报告，并迫不及待地在他的白宫椭圆形办公室里发布总统令。德国规定，谁研究克隆人，坐牢5年，罚款2万马克。法国农业部长发表讲话：遗传科学如果生产出6条腿的鸡，农业部长可就无法干了。

"多利"刚公之于世，《华盛顿邮报》即发表了"苏格兰科学家克隆出羊"的文章，美国最权威的《新闻周刊》连续发表"小羊羔，谁将你造出来"？"今日的羊，明日的牧羊人"……美国广播公司晚间新闻发布民意测验：87% 的美国人说应当禁止克隆人，93% 的人不愿被克隆，50% 的人不赞成这项成果。

二、"脑白金体"在美利坚引爆

脑白金体是人脑中央的一个器官，印度 2000 年前就称之为"第三只眼"。近几年美国科学家们发现，它是人体衰老的根源，是人的生命时钟。这项发现如同强大的冲击波，震撼着西方国家。《纽约时报》报道："2000 年前中国秦始皇的梦想，今天在美国实现了"；《华尔街日报》发表"一场革命"；《新闻周刊》居然以"脑白金热潮"为标题，于 8 月 7 日、11 月 6 日封面报道，阐述饮用脑白金的奇迹：阻止老化、改善睡眠，倒拨生命时钟。

美国政府 FDA 认定脑白金无任何副作用，脑白金的价格在美国加州迅速被炒到白金的 1026 倍。不过，在大规模生产的今天，消费者每天的消费仅 1 美元，在中国不过 7 元人民币。脑白金体的冲击波迅速波及全球。日本《朝日新闻》、NHK 电视台大肆报道，台湾人从美国疯狂采购脑白金产品，香港政府不得不出面公告：奉劝市民饮用脑白金要有节制。

中国内地也不例外，1998 年 4 月 5 日中央电视台《新闻联播》播放"人类有望活到 150 岁"，详细介绍脑白金体的科技成就，《参考消息》等各大媒体也都相继报道。中国部分城市已出现脑白金热潮的苗头。在美国，不少人撰文对脑白金体成果表示担忧。如果人人都活到 150 岁，从外表分不出成年人的年龄，会出现许多社会问题。世界老化研究会议主席华特博士在其科学专著中指出，饮用脑白金明显提高中老年人的性欲。于是评论家们担心，性犯罪率必将上升。

三、什么是克隆

克隆是"clone"的音译，其含义是无性繁殖。传统的两性繁衍中，父体和母体的遗传物质在后代体内各占一半，因此后代绝对不是父母的复制品。克隆即无性繁殖，后代是与父（母）完全相同的复制品。

复制200个爱因斯坦和500个卓别林，是件大快人心的事。但如果复制100个希特勒，实在令人担忧。"克隆"对伦理道德的冲击更大。如果复制一个世界级的大药厂，则预示了克隆的巨大商机。美国商业部预测，"2000年克隆生物技术产品的市场规模将超过500亿美元"。克隆技术主要用来制造保健品。

四、什么是脑白金体

人脑占人体重量不足3%，却消耗人体40%的养分，其消耗的能量可使60瓦电灯泡连续不断地发光。大脑是人体的司令部，大脑最中央的脑白金体是司令部里的总司令，它分泌的物质为脑白金。通过分泌脑白金的多少主宰着人体的衰老程度。随着年龄的增长，分泌量日益下降，于是衰老加深。30岁时脑白金的分泌量快速下降，人体开始老化；45岁时分泌量以更快的速度下降，于是更年期来临；60～70岁时脑白金体已被钙化成了脑沙，于是就老态龙钟了。美国三大畅销书之一的科学专著《脑白金的奇迹》根据实验证明：成年人每天补充脑白金，可使妇女拥有年轻时的外表，皮肤细嫩而且有光泽，消除皱纹和色斑；可使老人充满活力，反映免疫力强弱的T细胞数量达到18岁时的水平；使肠道的微生态达到年轻时的平衡状态，从而增加每天摄入的营养，减少侵入人体的毒素。

美国《新闻周刊》断言，"饮用脑白金，可享受婴儿般的睡眠"。于是这让许多人产生了误解，以为脑白金主要用于帮助睡眠。其实脑白金不能直接帮助睡眠。夜晚饮用脑白金，约半小时后，人体各系统就进入维修状态，修复白天损坏的细胞，将白天加深一步的衰老"拉"回来。这个过程必须在睡眠状态下进行，于是中枢神经接到人体各系统要求睡眠的"呼吁"，从而进入深睡眠。

脑白金可能是人类保健史上最神奇的东西，它见效最快，饮用1～2天，均会感到睡得沉、精神好、肠胃舒畅。但又必须长期使用，补充几十年还要每天补充。

五、热点问题

《参考消息》、《明报》及美国几大报刊综合出以下人们最关心的问题及答案：

可以克隆人吗？答：可以；

可以克隆希特勒吗？答：理论上可以；

死人可以克隆吗？答：不；

女人可以怀有"自己"吗？答：可以；

克隆人合法吗？答：法国合法，英国、德国、丹麦不合法；

西方国家总统每天补充脑白金吗？答：许多媒体曾如此报道；

补充脑白金，人可以长生不老吗？答：不，只能老而不衰；

成年人可以不补充脑白金吗？答：可以，如果对自己不负责的话；

美国5000万人为什么因脑白金体而疯狂？答：他们想年轻。

经过精心策划，在读者眼里，这些文章的权威性、真实性不容置疑，又没有直接的商品宣传，脑白金的悬念和神秘色彩被制造出来了，人们禁不住要问："脑白金究竟是什么？"消费者的猜测和彼此之间的交流使"脑白金"的概念在大街小巷迅速流传起来，人们对脑白金形成了一种企盼心理，想要一探究竟。

紧接着跟进的是系列科普性（功效）软文。例如：《一天不大便等于抽三包烟》、《人体内有只"钟"》、《夏天贪睡的张学良》、《宇航员如何睡觉》等。这些文章主要从睡眠不足和肠道不好两方面阐述其对人体的危害，并指导人们如何克服这种危害，将对脑白金的功效宣传巧妙地融入软文中。每一篇似乎都在谈科普，并没有做广告之嫌，读者读来轻松，由不得你不信。

史玉柱的做法完全颠覆了当时做广告的模式。当时软性广告刚刚在报纸上出现，而且多半的软文广告都是豆腐块式的小篇幅文章，而史玉柱用了很多抓人眼球的标题，并用大版面刊登。文章所举例证动用了像美国宇航局这样有说服力的机构，对读者的冲击力很强。并且那时，读者还习惯看报纸上的僵硬模式化的新闻报道，他们看不出那些软文是脑白金的广告，而错以为是科学普及性新闻报道，很多人都把它当新闻来读，不存在阅读上的排斥，甚至连一些媒体编辑都上当了。

脑白金的软文广告在南京刊登时，没钱在大报上刊登，就先登在一家小报上，结果南京的某大报竟然将脑白金的软文全部转载。脑白金软文的质量，由此可见一斑。

正是史玉柱这种登峰造极的新闻手法，让消费者在毫无戒备的情况下，接受了脑白金的"高科技"、"革命性产品"等概念。当这些软文广告实施一段时期，多数消费者已经在心理上认同脑白金之后，史玉柱就通过电视、电台、平面媒体等多种硬性广告渠道展开宣传。可以说，这些软文广告是硬性广告成功的必要条件。

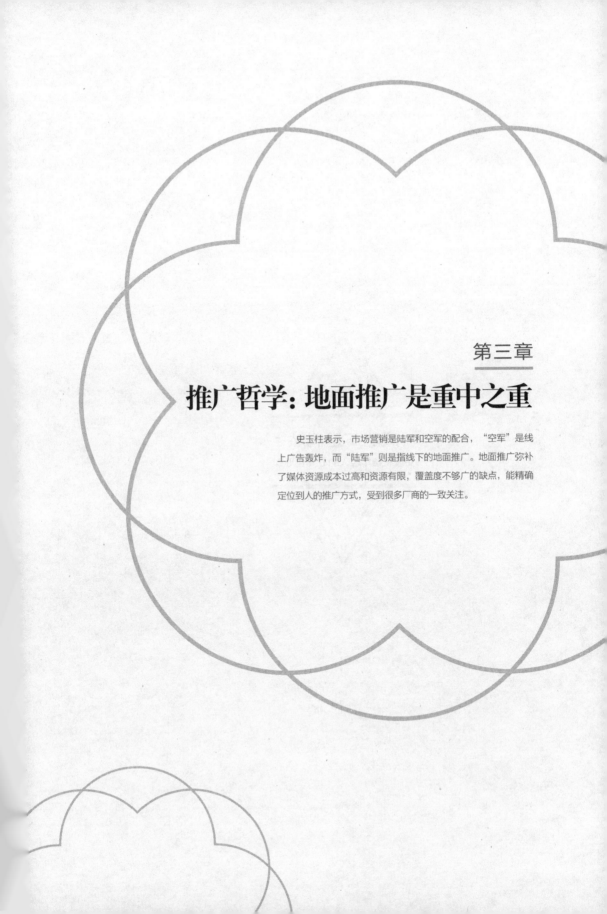

第三章

推广哲学: 地面推广是重中之重

史玉柱表示, 市场营销是陆军和空军的配合, "空军" 是线上广告轰炸, 而 "陆军" 则是指线下的地面推广。地面推广弥补了媒体资源成本过高和资源有限, 覆盖度不够广的缺点, 能精确定位到人的推广方式, 受到很多厂商的一致关注。

成功不是偶然

史玉柱给年轻人的 8 堂创业课

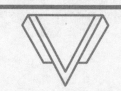

试销要一点点来，快不得

新产品试销的目的是对新产品正式上市前所做的最后一次测试，且该次测试的评价者是消费者。尽管从新产品构思到新产品实体开发的每一个阶段，企业开发部门都对新产品进行了相应的评估、判断和预测，但这种种评价和预测在很大程度上带有新产品开发人员的主观色彩。最终投放到市场上的新产品能否得到目标市场消费者的青睐，企业对此没有把握，通过市场试销将新产品投放到有代表性地区的小范围的目标市场进行测试，企业才能真正了解该新产品的市场前景。

试销是对新产品的全面检验，可为新产品是否全面上市提供全面、系统的决策依据，也为新产品的改进和市场营销策略的完善提供启示，有许多新产品是通过试销改进后才取得成功的。

史玉柱曾说，试销是很多企业既想做又不想做的环节，想做的目的是降低上市风险，不想做的原因是等不及那漫长的过程。然而，只有通过试销，才能真正了解产品的许多细节问题，甚至产品的广告策略都会在试销期间产生。

试销的作用就是为后续的市场策划提供真实可靠的素材与创意

依据。在试销的过程中，脑白金策划人员切实仔细地摸清了国内保健品市场形势，调查了终端，把握了潜在消费者的真实想法，并为特定区域内的准消费者提供产品免费试用，征询服用后的效果与感受。这些重要的一手资料的分析，为脑白金走向市场提供了依据。

史玉柱表示，做全国性市场，一定要先做一个试销市场，要一点点来，快不得；做成了，真到做全国市场时，要快半步，慢不得！

史玉柱认为，做什么，最好先试点。这在资金没到位之前，或者在自己的钱没有大笔花掉之前，更需要这样做。做一做试点，你会在过程中发现过去构想里面许多没有考虑到的地方，甚至是和实际情况相反的地方。这时候失败或改进调整不可怕，因为试点代价小。

史玉柱在《赢在中国》节目中曾对一名选手如此点评道："你想在全国建加盟连锁，这很好。但我建议你一定要先搞试点，先建一家店，试运营，目的是发现你当初意想不到的一些问题，如法律、消费者的问题，最初的想法和真正的实践总会有非常大的差别，这个差别只有自己去体会消化，体会成熟了，可以形成手册，在全国推广。我有一句话供你参考，叫'试销市场快不得，全国市场慢不得'。"

史玉柱强调，做试点时不能有利润压力，董事会不应给利润压力，要给充足的时间。一定把试点搞明白！手册成熟后，在全国市场推广要迅速铺开，否则成功的经验传播很快，别人马上会用，所以你要迅速占领市场，不能让别人利用你的经验来复制财富。

史玉柱对试点试销特别重视。脑白金的成功，很大程度上得益于进行过很长时间的试销工作。为了找到一个成功的营销模式，史玉柱率领部下探索了超过一年时间。1997 年 8 月，脑白金的策划方案还没有做完的时候，史玉柱就在江阴开始做试销。"我们的产品没有批号，但是我们可以生产，我们准备了 10 万元生产一批产品。"

史玉柱说："脑白金在做试销的时候，我们没有给指导，让策划部去做，知道肯定会失败，但还是让他们做，主要是看怎么失败的。当时我们拍了一个电视片，广告语是吃得香、睡得沉、大便畅、精神旺，很简单；软文是自己写得很枯燥的软文，结果失败了。然后我们扎根在江阴，开始研究失败的原因。我们那时的做法是比较常规化的，调查失败的原因是软文枯燥，阅读率低。""失败的地方主要是宣传太大众化，软文写得可读性太差，版面与广告挤在一起，电视广告吸引不了人。整个活动花了 5 万多元，买了一个教训。"

史玉柱说，当时调查，在最大的药店里一天只能卖掉一盒。但也有一个经验总结：居委会比药店卖得好。脑白金的剂型最初只是简单的胶囊，后来在试销中发现，中国的消费者更喜欢"放在手上沉甸甸"的口服液，因而脑白金增加了口服液，变成了胶囊和口服液的复合包装。结果不但适应了消费者的偏爱，独特的复合包装产品形态还对跟进产品形成了竞争壁垒。并且，脑白金的包装也是通过试销才确定的。

在经过试销后，史玉柱终于在 1998 年找到了一种脑白金的成功营销模式，并快速启动了无锡市场。1998 年 7 月，史玉柱开始全面招集人马正式启动全国市场。"这时我们启动了 4 个地方，3 个在江苏——南京、常州、常熟以及吉林省的吉林市。"

不到一年半的时间，到 1999 年年底，脑白金单月回款已经突破 1 个亿。到了 2000 年 1 月份的时候，一个月的销售额已经是 2 亿多元了。与此同时，大部分中国人通过电视记住了"今年过节不收礼，收礼只收脑白金"这句广告词。

黄金搭档这个产品，史玉柱也是遵从着"试销市场快不得，全国市场慢不得"的原则。早在2001年1月7日，史玉柱就注册成立了上海黄金搭档生物科技有限公司，准备进入维生素市场。

2001年"脑白金"尚在热销时，史玉柱已开始悄悄推广"黄金搭档"。第一轮试销集中在5个城市——漳州、襄樊（现襄阳）、吉林、威海、绵阳。"根据第一轮的试销结果，我们才设计了正式的营销方案，开始第二轮的试销。"

2002年8月，史玉柱重新调整黄金搭档试销的布局，把目光聚焦在华东的江苏、浙江、福建、山东、安徽五省和上海市，开始第二轮试销。

第二轮投放了10个城市，用10种自己总结出来的销售方式，有的成功有的失败。经过前两轮试销后，2002年10月份启动全国市场。

试销工作是不能马虎的，需要注意以下几点：

第一，试销给新产品上市计划提供了修改和完善的空间，必须抓住这个机会，进一步完善上市计划，尤其要在战术层面找到更合适、更具有穿透力的措施。

第二，一定要防止试销期间的窜货，否则试销很容易扭曲，失去实际意义。试销期间不宜给试销人员太大的压力，应顺其自然，这样容易发现更多的问题。

第三，企业来自市场和竞争的压力很大，往往因此不断缩短试销周期，这会大大影响试销的实际效果，必须坚持一段时间。

"集中资源，集中发力"

《毛泽东选集》有许多值得探讨的战略思想，"集中优势兵力各个击破"无疑是最重要的战略思想之一。毛泽东在谈到击破敌人时往往说，要"集中 6 倍、5 倍、最少不低于 3 倍于敌人的兵力包围之"，要"选择敌人的薄弱环节，同时集中 6 倍、5 倍、最少不低于 3 倍于敌人的兵力攻击之"。

"集中优势兵力各个击破"是一门深刻的战略哲学，不光用于战争，用于企业管理，营销策略都同样管用。

1998 年的史玉柱在经历巨人大厦风波后，手里就已经没有多少资金了，但这时他看上了保健品市场。如果与国内已有一定名气的保健品厂商相比，资源不充沛的史玉柱即便是激活其所有的资源可能也不如其 1%。这无疑是以卵击石，自然是无往而不败。但史玉柱不信这个邪。

史玉柱说："中国之大，异乎寻常，龙有龙道，蛇有蛇路，虽然我筹备脑白金时一没钱、二没人、三没资源，但也并不能因此就断言领先品牌仅仅是那些大公司的专利。那些大公司的主打保健产品品牌也是从无到有，从小做到大一步一步成长起来的。如果还没开始塑造脑白金这个品牌，我就丧失信心，那不是我史玉柱的本色。"

经过仔细分析研究之后，史玉柱在毛泽东的军事思想中找到了迎战的突破口："我就觉得毛主席的原则是对的，我集中我的全部的人力、物力、财力，集中攻一点，没有把握把一个城市攻下来，别忙着打第二个城市。"

史玉柱所谓的"集中资源,集中发力"也就是营销学上的"聚焦战略"。聚焦战略(focusing)是使企业集中力量于某几个细分市场,主攻某个特殊的顾客群、产品系列的一部分或某个地区市场,而不是在整个产业和整个市场范围内进行全面出击。这样可以使企业以更高的效率、更有特色的产品和服务满足某一特定的战略对象的需要,以便在狭窄的市场范围内实现低成本、差异化或者二者兼而有之的竞争优势。

史玉柱表示,再完美的公司也有势力薄弱的区域,在这些区域,它们投入的资源相对较少,市场根基并不扎实;如果我们能够集中资源,集中发力的话,是完全可以战胜这些大公司的。

史玉柱揣着从朋友处借来的50万元,做起了保健品脑白金。随后,史玉柱把目光聚焦在江阴这个小地方,花了10万元在江阴大打广告。史玉柱把江阴作为东山再起的根据地。江阴是江苏省的一个县级市,就在苏南这边。苏南地区是中国最富庶的地区之一,购买力强,城市密集,离上海、南京都很近。"在江阴这样的县级市启动脑白金市场,投入的广告成本不会超过10万元,而10万元在上海不够做一个版的广告费用。这可以说是最后的机会了,别无选择,必须一击即中。"由于广告力度大,很快就在当地产生了异常热烈的市场效应,脑白金成为江阴家喻户晓的保健品品牌。

1998年5月,史玉柱把江阴市场赚到的钱投入无锡市场的启动中。史玉柱用江阴赚的钱、总结的经验、论证的模式、训练的团队,正式启动无锡市场。"我先打脑白金的销售广告,然后找经销商谈,我还是要求一手交钱一手交货,开始时经销商不接受。但是我一边谈,一边不停地打广告。我的产品火了，你不卖你就少赚钱。慢慢地也就有经销商开始付款提货了。"

第二个月，史玉柱在无锡市场又赚了十几万元，史玉柱就用赚的钱去启动下一个城市的市场。几个月里，南京、常熟、常州以及东北的吉林，全部成了脑白金的早期根据地。就这样把各个城市的市场逐渐都给打开了。到 1998 年年底，差不多全国 1/3 的市场，都在卖脑白金的产品，那时，脑白金的月销售额已经接近千万元。

至于 1998 年总共赚了多少钱？史玉柱则称基本上没赚钱。为什么呢？"因为到打无锡市场的时候，我没有多少钱。50 万元，除掉一点运作费用，再拿十二三万生产一点产品，再打一个江阴，剩下的钱只有一点点。好在江阴第二个月赚钱了。把这些钱凑在一起，这才启动了无锡。""无锡第二个月又赚钱了，赚了十几万，又去启动下一个城市。然后第二个月又赚钱了……就这么滚，一直到 1999 年上半年，我基本上没赢利。"

到脑白金进入上海市场时，已经是 1999 年春天了。1999 年 7 月，上海健特公司在上海徐汇区注册，史玉柱和他的"二十几杆枪"在上海金玉兰广场以最低的价格租了两间办公房。每天深夜，他便和部下跑到楼下那个叫"避风塘"的店里吃夜宵。躲在"避风塘"里，"策划顾问"史玉柱为"脑白金"做出了一个个"策划"，在中国保健品市场刮起阵阵飚风。1999 年年底，脑白金便打开了全国市场。

史玉柱说："我们启动了浙江省、上海市，这批又赚了钱之后，这个钱就多了，因为累积越来越多嘛，到最后一下就把全国市场启动了。所以这个用了一年多的时间就滚起来了，到了 1999 年 12 月份的时候，我们的月销售额就首次突破了 1 个亿，那个时候我们的日子就相对开始好过了；到 2000 年 1 月，我们的月销售额就上了 2 个亿了。"

2000 年，脑白金创造了 10 亿元的销售业绩，业内第一，利润数亿元，员工数千人，并在全国建立了拥有 200 多个销售点的庞大销售网络，规模超过了鼎盛时期的珠海巨人集团。

毛泽东在瓦窑堡总结的十大军事原则，直到解放战争不也还在用吗？他要求不计较一城一地之得失，集中优势兵力消灭敌人有生力量。对企业来说也是这样，战略上可以处于劣势，但战术上一定要处于优势。具体到一场战役上，一定要有 3 倍、5 倍于敌人的优势兵力。

脑白金创业队伍成员陈奇锐在《追随史玉柱的日子》中这样写道："脑白金的营销理论非常简单，那就是'集中优势兵力'。"

史玉柱感叹说："一个企业资金实力再雄厚，也只能在几个重点行业、重点地区、重点产品上下功夫，如果没有做到重点突出而采取平均用力的话，就必然会失败。在营销手段的使用上也必须要有一个重点，必须加大人力、物力、财力，做重点地区。"

不仅在市场开拓上采取"集中优势兵力"，即聚焦战略，在产品研发上，史玉柱也延续了这个原则。

1999 年脑白金就已经成功了，单月销售额已经突破 1 个亿了，但是 1999 年、2000 年、2001 年，包括 2002 年的上半年，连第二个产品都没推，第二个产业都没做。"对于一个企业来说，在一个时期只能做一个重点产品。有人批评我产品单一，我认为这恰恰是我的优势。2001 年，脑白金的销售趋于稳定，我才开始主攻黄金搭档。"不仅保健品这样，对于网游，史玉柱依然使用着聚焦战略。巨人网络总裁刘伟表示："巨人网络的发展要走精品战略。一款网络游戏就是一个社区，在线人数越多，风险越小，同时在线人数上了 40 万就会很成功。要做到这点，就必须集中资源，聚焦一款产品，巨人网络聚焦的产品一个是《巨人》，另一个就是《征途》。"

《巨人》在内测时就异常火爆，而对于两款风格上比较相近的游戏而言，《巨人》的火爆会不会导致《征途》在线人数的下降呢？2008 年 3 月，巨人网络总裁刘伟在接受媒体采访时说："两款游戏的市场定位是不同的，我们一方面在《巨人》这个产品上取得了相当的成功，而另一方面，《征途》在上一周（2008 年 3 月 1 日 20 时 29 分）同时在线人数突破 152.96 万，再次创造了国内同类网游的最高同时在线人数纪录。这表示《征途》与《巨人》不会出现'抢人'的情况。"

"农村包围城市"

1987 年，43 岁的退役解放军团级干部任正非，与几名中年人一起，拿着凑来的 2 万元，在一间破旧厂房里，创建了华为公司。

1992 年，以阿尔卡特、朗讯、北电等为代表的跨国巨头仍然把持着国内电信市场。而华为只是一个新品牌。这一年，华为自主研发出交换机及设备。于是任正非决定"农村包围城市"，采取人海战术，覆盖农村市场。

华为从广大农村和福建等落后省份开始，把主要竞争对手的"兵力"引向其薄弱地区，拉长战线，"这种时候，敌军虽强，也大大减弱了；兵力疲劳，士气沮丧，许多弱点都暴露出来"。然后，华为再采取"人海战术"（集中兵力），各个击破空白市场（拿下一个县一个县的电信局）。当然，任正非在将毛泽东的这些思想运用到企业实践当中的时候，绝不是照抄照搬，一味模仿，而是结合当时的国情、市场特点，根据企业的自身优势制定的。

由于农村市场线路条件差、利润薄，国外厂商都没有精力或者不屑去拓展，从而给国内通信设备厂商带来了机会。华为的销售员全部深入到县级和乡镇市场，因此生存下来，并一路由小做大，渐次进攻到市级、省级，直到国家级的骨干网市场。

随后几年，华为渐次进攻到市级、省级、国家级的骨干网市场。1995 年，华为成为中国国家级通信网的主要供应商。从 1988 年创业到 1995 年成功进入中国电信的国家核心网络，华为 7 年磨一剑，证明了"农村包围城市"品牌扩张模式的成功。

任正非以"农村包围城市"的战略迅速攻城略地，通信设备价格也直线下降。

华为"农村包围城市"品牌扩张模式能够成功的重要原因在于品牌的差异化市场定位。根据《中国企业报》记者崔玉金的记载，"早在启动农村市场之时，华为就下放绝大多数的销售人员到乡镇、县级市场。每位销售人员都分有一片固定的区域，天天去当地邮电局和电信局报到，帮助电信局解决一些技术上的问题，并不忘借此机会宣传自己物美价廉的产品。此时的广大农村正是电信事业亟待发展的时期，对电信产品有广阔的需求。华为通过各种途径，让基层电信部门认可自己的品牌，进而大范围使用自己的产品。就这样，华为抓住了客户的需求点，其产品一步步在广大的农村地区安了家。"

"农村包围城市"，是毛泽东创立的中国革命路线。它的战略要点有两个：一是因为中国是个农业大国，所以可以依靠农民取得胜利；二是因为当时革命的力量还太弱小，因而在农村容易生存。而目的则是为了夺取大城市，解放全中国。

与华为总裁任正非一样，史玉柱也是著名的学毛标兵。毛泽东的传记是史玉柱经常阅读的书籍，史玉柱坚持认为，毛泽东最大的成功就在于"农村包围城市"的战略性成功。

早在史玉柱之前，三株公司就已灵活运用了"农村包围城市"的思想。

"三株口服液"属于消化道口服液类的营养保健产品，三株公司发现农村人口消化道发病率比城市的发病率要高，并且居于各类疾病榜首。况且农村人口基数大，因此三株把目标市场定位在农村，并宣布要"以农村包围城市"。当时农村市场竞争相对较弱，外部环境相对宽松，这也给三株进军农村提供了良好的机遇。事实证明，三株公司集中优势兵力，专攻农村市场的策略具有超前的战略眼光。

在史玉柱1995年进军保健品市场推出脑黄金之前，三株公司创办者吴炳新已经把8亿农民作为中国保健品市场重心，而运用的方法则是发动"人民战争"，组织几十万营销大军上山下乡。那时候，三株已经创造了神话，连农民的厕所上都刷上了三株的广告。

史玉柱说："我去三株学习过，三株确实很成功。"

同样是崇拜毛泽东，同时又对三株的营销业绩钦佩不已的史玉柱于1997年秘密拜访吴炳新。之后，史玉柱为脑白金的市场推广制定了"从小城市出发，进入中型城市，然后挺进大城市，从而走向全国"的战略路线。这是"农村包围城市"又一个新的版本。

实际上，史玉柱与吴炳新的"农村包围城市"有着本质的不同。

吴炳新看到了中国农村的庞大市场，农村就是其市场开拓的目的，他并不把农村当做夺取城市的手段；而史玉柱并不把农民的消费当做主要依靠，他的目的在大城市，但他只有区区50万元启动资金，无法直接"攻打"大城市，所以只好从中心城市上海边缘的小城镇江阴入手。

史玉柱认为，全国最大的市场还是在下面，那里人口特别多，光农民就8亿，再加上县城，这些共9亿人口。

脑白金的销量和利润主要来自乡镇。北京、上海的超市里有100多种保健品，脑白金摆在货架上并不显眼，但是，到了村镇的商店，只有两三种保健品，其中一个肯定是脑白金。"下面消费者没有想象中那么穷，消费能力也不弱。一线城市你全占满了，也还不到下面市场的1/10。"

史玉柱在开发县城和农村市场的过程中，对它们的认识应该是很深刻的，这些市场的销售额占很大的比例。"在那样的地方竞争不激烈。我们的脑白金和黄金搭档在全国29万个商店铺了货。"

史玉柱同样发现网络游戏行业的很多公司都不太注重二、三线城市，于是独自去开发盛大、网易不屑去开发的二、三线城市。史玉柱经过研究后发现，中国网游用户的金字塔其实更大，有70%的玩家是在小城市和农村。农闲时间几十个农民在网吧里打游戏是常事。据相关调查显示，有的省农民一年60%的时间处于失业状态，而现在通常的乡镇都有网吧。"网游和保健品一样，真正的最大市场是在下面，不是在上面。中国的市场是金字塔形的，塔尖部分就是北京、上海、广州这些城市，中间是大的城市，南京、武汉、无锡呀。越往下越大，中国真正最大的网游市场就在农村，农村玩网游的人数比县城以上加起来要多得多。"

同样，在二、三线城市可以避免与盛大、网易等进行贴身肉搏。对于发展至今已近 10 年的网络游戏来说，一级市场的用户需求早已经饱和，后来的新产品已经很难进入争夺份额的队伍之中。而二、三线城市聚集了数亿的人口，却是一片蓝海，蕴含着巨大的市场潜力。越是这些偏远地方，竞争就越不激烈。毕竟，在北京、上海等一线城市里，网易和盛大等市场先行者所占的市场份额已经相当高，整个市场的推广费用也随之水涨船高。

史玉柱说："我不会去主打一线城市，下面的总量要比一线城市大很多。在一线城市的很多网吧去贴广告画是要付钱的，但是在二、三线城市基本上不需要。"

史玉柱的推广队伍竟然受到了很多农村网吧老板的喜欢。网吧老板们乐呵呵地接过《征途》市场推广人员手中的游戏海报，在网吧显眼处张贴，还给推广人员端茶倒水。毕竟这是第一次有商家上门送东西，哪怕只是几张海报。史玉柱声称："我只贴免费的网吧，收钱的一律不进。"

如今在中国的中等城市，《征途》网络游戏已经占有了网吧墙面等 80% 的战略性资源，而其他的竞争对手却只能分享其余 20%，而在小城市和县城，《征途》网络游戏的优势则更加明显。

在《赢在中国》节目做评委时，史玉柱也常常忠告参赛选手要重视二、三线市场。他说道："中国的二、三级城市，实际上这个市场前景最广阔。现在的国外公司，包括国内多数公司都以为大中型城市是中国最大的市场，实际上那只是中国最小的市场。中国真正的大市场是二、三级城市，甚至是乡镇。现在二、三级城市的人也已经富裕起来了，可很多人还意识不到这点。他们的总数已经远远超过了大城市，而他们的娱乐消费还比较单一，像你这种东西，只要送到他们眼前，他们是很容易接受的，因为过去他没有接触过，而像北京、上海这些大城市里，人们见得都快麻木了。所以二、三级市场很容易打开，而且现在外国人还没有这个条件去打开这个市场，这可是国内商家难得的好机会。我们别再给外国人留机会，你应该抢先把这个市场占了。"

史玉柱说，现在大家创业很注重北京、上海、广州等一类城市，但一类城市占全国人口的比重就是3%多点，4%不到。省会级城市和一些像无锡这样的地区性中心城市加在一起，要远远超过一类城市，而再小一些的城市，比如各省里的地级市，全国有380多个，这个市场又比省会城市更大，县城和县级市更是难以估量。中国的市场是金字塔形，一般创业者比较关注塔尖，实际越往下市场越大。在史玉柱看来，国内一线城市的人口才几千万，虽然处于金字塔的顶端，但是整个市场规模有限，而二、三线城市聚集了数亿的人口，只要推广得好，其市场空间相当大。这也是史玉柱在经营脑白金等保健品业务时所探索出的中国国情。

"地面推广最重要"

"市场营销的关键是空军和陆军的配合。"史玉柱所说的"空军"是指广告轰炸，而"陆军"则是指地面营销队伍的推进。史玉柱说："很多人认为脑白金的最大特长是做广告，实际上脑白金的最大特长是地面推广，我们在全国的 200 多个城市设了办事处，3000 多个县设了代表处，在全国遍布了 8000 多人。《征途》这个工作正在做，已经设立了 100 多个办事处，最终准备做到 1000 多个吧。"

史玉柱所说的这些"地面推广"也就是我们平时经常听到的"终端策略"。终端是营销价值实现的"最后一公里"。作为与用户亲密接触的"终端"，无疑会对用户产生很大程度的影响。"历史上不少资金雄厚的保健品企业只知道投放广告，而轻视了终端的管理，结果被竞争品牌抢占了良机，最终酿成大错。"

认定"营销没有专家，消费者才是专家"观念的史玉柱，自然是将"终端"这个离消费者最近的领域视为其营销的重中之重。事实证明，史玉柱的看法是正确的。

有机构统计得出：到终端购买产品的顾客指定品牌占 70%，另外 30% 的人并没有明确的购买目的，这部分消费者主要靠产品包装、POP 等终端宣传品的刺激和营业员导购实现购买，这就是说，有 70% 的人还是通过媒体传播影响达成购买的。终端竞争的优势要在信息总量、知名度等各方面都接近时才能明显地表现出来。

有资料表明：原来跨国公司把 70% 的市场营销费用投放在除终端市场之外的广告上，把 30% 的费用投放在终端上。而现在跨国公司改变了广告策略，把 70% 的费用投放在终端市场的广告上，把 30% 的费用投放在其他领域。"保健品销售终端主要包括药店、商场（商店）、超市（大卖场）等。终端是产品销售的场所，是连接产品和消费者的纽带，是产品流通过程中最后同时也是最重要的环节。在市场竞争激烈的今天，谁控制了终端，谁就掌握了市场的主动权！"

终端陈列

终端是让产品实现商品价值的最后一个环节，是所谓的临门一脚，产品从概念产生直到消费者手中，前期大量工作价值的体现都取决于终端的销售，那如何促进销售，如何让更多的消费者得到一个直观的印象，终端陈列起着不可替代的作用。

对终端陈列，史玉柱有着明确的规定："脑白金在终端陈列时，要求出样面尽可能大，背柜及柜台均有产品陈列，并排至少有3盒以上，且为最佳位置。""所有的终端宣传品，能上尽量上。宣传品包括：大小招贴、不干胶贴、吊带包装盒、推拉、落地 POP、横幅、科学讲座、车贴，《席卷全球》必须做到书随着产品走。"

市场督察

脑白金的广告有时却为他人作嫁衣裳，当脑白金在大做广告时，一些假冒产品却争夺着脑白金的市场份额。那些假冒的保健品不必投入太多的营销费用，只是在终端的回扣上舍得付出，营业员就会极力推荐该产品。因此，打假便成了脑白金的常务工作之一。史玉柱说："我们健特生物营销总部有一个专门的督察队伍，该督察队伍的一个重要工作就是终端检查和打假。通过对各个市场的督察，以促进各分公司或办事处联络当地职能部门进行打假。"

顾名思义，督察就是监督和检查。市场督察就是针对市场终端进行的监督和监察的行为。市场督察工作在整个营销工作中是非常重要和必不可少的。然而，有些中小企业为了节省费用，没有建立督察机制。一些设立了督导岗位的企业，也往往形同虚设，感觉某某市场有问题了，就赶紧派人奔赴那个市场督察，没有把督导行为转变为制度而有计划有步骤地进行。

史玉柱将脑白金的市场督察要求限定在三个方面：

一、三不要：不要提前通知、不要走马观花、不要影响市场正常工作。

二、四不准：不准做老好人，要坚持原则秉公办事，不讲私人感情；不准敷衍了事，不能简单化，要尊重事实，注重调查研究；不准滥用职权，要以身作则；不准隐瞒事情，编造检查记录，否则对检查人员按受贿处理。

三、六十四字诀：主动出击、雷厉风行；逐级视察、监督到位；终端布置、成竹在胸；开动脑筋，清除盲点；防微杜渐、罚一儆百；循环执勤、铁面无私；管理公正、制度无情；坚持不懈、硕果累累。

营业员培养

准确实施终端策略，营业员的素质培养是关键一环。营业员对产品的宣传、推荐，也较具煽动性，可以引导消费者产生购买行为。史玉柱说："在药店和商场中，营业员导向在消费者购买行为中起着重要作用，这就要求我们必须和营业员多沟通、交朋友，真正做到用真情去感动营业员，让他们能真心实意地为我们公司着想。当有其他同样可以改善睡眠和调理肠道的产品存在时，能够推荐购买脑白金。"

因此，史玉柱亲自制订了脑白金营业员的培训计划：办事处要及时掌握终端及营业员的动态情况，每 2 天走访终端，并举行终端营业员工作分析总结。办事处要每 3 个月召集 A、B 类的终端营业员进行一次产品知识系统培训，营业员应该熟悉掌握脑白金基本知识——什么是正宗脑白金；脑白金的功效与原理；为什么随年龄增长，脑白金含量会下降以及熟悉服用脑白金的若干案例等。

网游的地面推广

互联网圈子里的人都相信一个真理——网络的东西必须要用网络的手段来解决营销问题，他们可以制造新闻事件、炒作、做 SEO（是"Search Engine Optimization"的缩写，译为搜索引擎优化，也叫网站优化），但是就不会想到做地面推广。然而，史玉柱真就这么干了。史玉柱表示："网游光靠炒作是不行的，所以我的营销会跟别人不同，我的团队不会只在上海、北京、广州工作，我要他们深入网游可能发展的每一个角落。我会给营销团队 3 年时间，而 3 年之后，就应该是我的营销方针出成果的时候了。"

在史玉柱的办公室里有张巨大的全国地图，密密麻麻的红旗代表他在各地的办事处与营销网络。那些凡是已经觉得"脑白金"没挑战的干部，都让史玉柱派到网游公司去了。

史玉柱表示，已经成熟的脑白金网络营销体系不可以重复地供网游使用。"因为业务不一样，不能共用一个网，共用一个网可能一个都做不好。"

2006 年，史玉柱率领征途网络在行业内掀起了一股旋风，擅长地面推广的史玉柱给征途网络制定了自建销售渠道、自建推广队伍的策略。"地面推广，现在我们在全国直接去服务的网吧已经超过 1 万家了，最终我想做到个差不多近 10 万家吧。"

史玉柱表示，做脑白金时擅长的是做报纸电视的广告，但玩网络游戏的人是不看报不看电视的，用得上的是地面推广。史玉柱通过店铺人和人直接接触、招贴画的宣传、营业员的培训来对脑白金进行推广。

游戏推出后，史玉柱以推广脑白金同样的方式，在全国设立了1800个办事处，并在一年之间将《征途》的推广队伍扩充到2000人。"说到营销，很多人首先想到脑白金。但《征途》没有什么广告。我个人喜欢做广告，如果当时中央电视台允许做，我一定会在上面做《征途》的广告，但法规不允许。所以，我们就死心塌地做好地面推广。"

史玉柱认为，《征途》的地面推广网络和脑白金非常类似。脑白金有终端的规范，同样，《征途》也有自己的规范，管理是一模一样的，没有任何区别。不同的是《征途》地面推广网络的服务对象是网吧，核心的工作是与网吧网管进行沟通，通过他们影响玩家，玩家在游戏中遇到问题也可以通过他们解决。"这是个细活、慢活，每天能够带来几百上千的增长，但是很稳定的增长。"

史玉柱表示网游地面推广的成本比保健品略高，因为保健品招收了很多下岗职工，成本相对低一点。2007年8月，史玉柱表示，3年内《征途》的营销队伍要扩充到2万人。网络游戏的营销渠道要进行大规模扩张，目的是"将渠道做深做透"，以抢占日益增长的二、三级城市的网络游戏市场。"只要需要，我们可以一夜之间在全国5万个网吧刊登《征途》的广告。"

史玉柱说："对其他网游公司在二、三线城市、县级城市的空白来说，我们的队伍有这个经验和优势，我们在全国有1800个分支机构，像一般大网游公司，在省一级城市，比如南京可能有一个几个人的办事处，而我们在江苏就有800人的营销队伍，此外还有各地推广商的协调。我们不搞全国代理，目前跟我们关系比较好的，大概有两三千家经销商。这些推广商的作用，除了进货之外，还到网吧进行游戏宣传、定期维护玩家关系等等。"

"我们要派人去安装客户端，要把游戏安装上去，要和网吧管理员（网管）建立联系，进行宣传，教会网管，网管才能去教会玩家，大概有个五六项工作吧。"

史玉柱的网络游戏将海报贴到了大大小小的网吧，还在网吧大量制作门头灯箱、包墙广告。保健品推广中形成的制作大量推广物料的经验，也使《征途》网络的推广人员拥有各种武器，例如贴在玻璃门上的"推拉"在LOGO上印上"推"、"拉"字样的指示牌，在网吧很受欢迎。

史玉柱会定期组织"包机"活动，这一活动受到农村网吧老板的欢迎。史玉柱定期将全国5万个网吧内所有的机器包下来，让玩家来免费玩《征途》。这种推广方式可以让玩家主动与《征途》展开面对面的亲密接触，不仅提高了巨人网络和《征途》的曝光率，对于发展潜在用户也发挥了很大的作用。

"包机"活动一个月就要支出上百万元的费用。但是，对于很多上座率不到一半的农村网吧而言，包场当然是求之不得的天大好事。史玉柱还推出了网吧分享卖《征途》点卡的10%的折扣，这使得史玉柱在农村市场布下的星星之火绵延不绝。

可以在巨人网络的招股说明书上看到其布线情况："我们已经建立了全国性的经销和营销网络，用于销售和推广我们的预付费卡和游戏点卡。截至2007年8月31日，我们的经销网络由200多家经销商组成，覆盖了超过11.65万家零售店，包括中国各地的网吧、软件商店、超市、书店、报刊亭，以及便利店等等。除此之外，我们还通过自己的官方网站销售游戏点卡。截至 2007 年 8 月 31 日，我们的营销网络由分布在中国各地的 250 多家联络处组成。"

为了管理众多办事处，史玉柱还组建了一支从总部到省、市、县的三级督察队伍，整日四处奔波，查看下面的办事效果。从这些细节，足以看出史玉柱对终端争夺的用心。并且 1800 多个县的办事处人事需要"越级"任命：县级办事处人事需要省级任命，市级办事处人事需通过省级报上海总部任命。人事不能由顶头上司直接任命。这样的话，就比较难以产生帮派。

正是这种地毯式营销，使得当时运营才一年多的《征途》跻身中国网络游戏月收入上亿元的三款产品之一。

零坏账：钱不到账不发货

当年珠海巨人集团做脑黄金是代销的，其结果是有 3 亿元钱收不到。现在他们再也不会做这种傻事了，钱不到账不发货，到现在没有一分钱应收款。

海尔张瑞敏曾说："好多企业，发展得很好、很快，有一天却突然死亡了。到底什么原因？其实非常简单，就是现金流出了问题。一边儿，负债非常大；另一边儿呢，钱却进不来。钱为什么进不来？在应收账款！本来，在市场经济条件下，钱应该是最流动的一个东西，却变成了最不流动的东西。原来我们国家上市公司只要两张报表——第一张是资产负债表，看你的资产负债率是多少；第二张是损益表，看你企业的利润是多少。后来意识到应收款是一个非常非常大的问题，所以，现在上市公司必须交第三张表——现金流量表。"

为了使"应收账款问题"不会影响到自己的企业，史玉柱在做渠道时，不像一般产品销售那样急于铺货，而是采用了一种特殊的方式。

脑白金在一个地区市场启动前，先打广告，让顾客到商店找上门，然后等着经销商带着钱来要货。在启动一个市场之前，脑白金通常会举行大规模的免费赠送活动。赠送结束之后，有的消费者还想继续服用，就会到药店去找，消费者找产品，经销商就会找厂家。当产品销售达到一定销量时，脑白金的广告随之出台，让经销商闻风而动，"主动"前来要求经销该产品。这时，史玉柱就会要求经销商现金提货，以始终确保应收款为零，这样形成的良性循环，与厂家推经销商，经销商推市场的做法正好相反。"先把经销商放到一边，转而向终端消费者展开攻势，创造市场拉力"，这叫"倒做渠道"。这样做无疑会造成一定的广告流失，并延误市场开发速度，然而却可以避免可能产生巨额坏账的风险。当年巨人脑黄金有3亿元应收款烂掉，史玉柱对此倍加小心。

在"倒做渠道"之前，举办赠送活动的另一个好处是可借此造势，展开声势浩大的新闻宣传，这又是花钱比做广告要少得多的广告，由于这种宣传往往直接针对消费者的购买行为，对拉动终端消费者极为有利。

例如，1999年6月30日，脑白金在上海展览中心举办免费赠送活动。活动自始至终贯穿新闻宣传，活动中出现的骚乱场景，更是被用来渲染脑白金的畅销和企业的公德心。

请看脑白金在媒体上公开发表的一封致歉信：

对不起！钟爱脑白金的市民，我们绝不让失误延续。

在脑白金进入上海市场的半年之际，为回报广大市民的关心和支持，我们策划和组织了 6 月 13 日"脑白金千人赠送，万人咨询"的活动。

由于低估了市民对脑白金的热忱，面对数以万计市民的现场，我们仅有的 40 余名维护秩序人员手足无措，加之烈日的蒸烤，最终导致现场失控，护栏被挤倒，保安被冲散，10 余人挤丢鞋子，用于赠送的脑白金被哄抢，甚至出现近 10 人受伤（皮外伤）的悲剧……

这是我们最为心痛和始料不及的，我们心痛那些从清晨 5:30 开始排队的市民，我们心痛早晨 7:00 近千人井然有序的队伍，队伍中大多数人服用过脑白金，因效果显著已成为我们忠诚的朋友，原本他们都可以高高兴兴地领到一盒脑白金，感受脑白金改善睡眠与润肠通便的奇效。

心痛之余，我们仍然要感激许许多多理智的市民和闻讯赶来的静安寺公安同志，是他们及时制止了混乱，提出许多忠告和建议。在此，我们再次表示诚挚的谢意，道一声辛苦了，说声谢谢您……

事件发生之后，我们妥善登记安置了近 10 名受伤者，并在当天晚上致电每一位受伤市民，预约了登门慰问的时间，我们带去了一个疗程的脑白金和慰问品，这是我们的一份心意，同时，我们还要感激你们的仁义和宽厚。

为了免除钟爱脑白金市民的又一次奔波之苦，我们将拨出万余元专款，用于请快递公司将脑白金专程为您送上门，以此感谢大家对我们的信任与支持……

这种形式在哪里出现，哪里就会引起强烈反响，脑白金自然就会引起轰动。货好卖了，经销商自然也愿意现款提货。

"倒做渠道"是区域代理和区域蚕食相结合的产物。它也针对一些居民居住比较集中的城市，通过划分一个区域，集中力量做渠道，做成后再转入下一个市场。"倒做渠道"在区域市场成熟后必须选择一家符合条件的经销商作为区域代理，因为"倒做渠道"的区域内人口比较分散或者市场环境比较复杂，维持市场的成本较高，不如转给经销商。将渠道交给经销商，厂家对零售渠道的控制能力不会丧失，同时，抑制了经销商的反控能力，对市场始终占有主动权。

"倒做渠道"的最终理想模式是在一个城市建立一个可控的金字塔式的短渠道的分销网络，从而建立一个稳固的销售基础。

史玉柱还规定："原则上小型城市选一家经销商，但经销商一定要信誉好，在当地有固定的销售网络，是该地区最有实力和影响力的人物，经销商还必须与政府方面（工商、质监、防疫站等）处理好关系。"

经销商负责固定地区脑白金产品销售，不得冲货，不得越区域销售，避免引发同类产品恶性竞争。销售价格必须统一，且价格稳定，同时，必须回款及时。

史玉柱责令："不允许个人以任何名义与经销商签订合同，否则视为欺诈行为。同时，所有办事处要把代表处的经销商合同及有关资料传回子公司审批，合同原件一定要寄回总部。"

在这种模式下，脑白金10年来销售额100多亿元，但坏账金额仍是0。而在保健品行业，坏账10%可以算是优秀企业，20%也属正常。

第四章

管理哲学：一把手要抓细节

管理无情人有情，我们不能把人情看得比制度更重要。一个合理完善的现代公司制度，它的价值要远远比眼前的10万块钱重要。这是一个优秀的现代企业必须具备的素质。如果我们靠人情来管理一个企业，那这个企业离破产就不远了。人可以有情，但制度必须是无情的。

成功不是偶然

史玉柱给年轻人的 8 堂创业课

一把手要亲自抓细节

中国道家创始人老子有句名言："天下大事必作于细，天下难事必作于易。"意思是做大事必须从小事开始，天下的难事必定从容易的做起。一个企业有了再宏伟、英明的战略，没有严格、认真的细节执行，再英明的决策，也难以成为现实。"泰山不拒细壤，故能成其高；江海不择细流，故能就其深。"所以，大礼不辞小让，细节决定成败。可以毫不夸张地说，现在的市场竞争已经到细节制胜的时代。不论是从企业的内部管理，还是外部的市场营销、客户服务等细节问题都可能关系到企业的前途。

美国的迪士尼乐园盛名享誉全球，将一个游乐场做得这样成功，迪士尼无疑有它的成功之道。在迪士尼游玩过的人一定都会有这样的感觉，整个游玩过程会非常舒服。为什么会有这样的感觉？就是因为这个游乐园非常注重细节的处理，保证每一个游客在游玩的过程中时刻感觉舒服、美好。

比如，在迪士尼游乐园，你不小心并洒了一杯可乐。为了防止别的游客踩到洒在地上的可乐，他们会有工作人员站在那里对游客发出警告。并且另一个工作人员迅速赶到现场，处理可乐的污渍。

一般来说，如果弄洒了一杯可乐，用拖把拖一下就差不多了，然而，迪士尼的工作人员一定会用吸水纸先吸附地上的可乐，然后再用干净的拖把拖掉余下的污渍。

迪士尼人认为，一杯可乐洒在地上是小事，但是因为这杯可乐污染了整个迪士尼的环境才是大事。因为这种污染会影响游客的心情，那么最终结果是影响游客的数量，直到影响整个公司的经济效益。

迪士尼公司为了让顾客满意，在细节方面做了大量的努力。迪士尼的创始人沃特·迪士尼先生非常重视迪士尼的信誉，一次他在游乐园里游览一个景点，经过计算整个游玩过程花费了 4 分钟，但是在景点的介绍说明上说，游览完整个景点需要花费 7 分钟。这让沃特先生非常生气，觉得这严重影响了迪士尼的信誉，立即命令在场的工作人员及时改正。

从管理层到普通的员工，迪士尼的每一个人都养成了关注细节的习惯。也许正是由于这种关注，迪士尼才能成为享誉世界的游乐园。 [①]

在百度创始人、董事长兼首席执行官李彦宏看来，对细节把握成功的企业才能真正走向国际化。企业目标清楚的时候，没有必要说更多。扎扎实实去做，真正看到自己运营方面存在哪些问题，把它做好做得更精细。李彦宏在百度世界大会上说："实际上很多企业的成功最后都是在细节上做成的。我觉得对于中国企业国际化来说也是一样，刚开始有各种各样的创新，不同企业各自有领先的时间段，但是这种领先很难长期持续下去。而只有在细节上把握，在运营上集中精力去把自己擅长的事情做好，才是真正的核心竞争力。我们

---

① 墨墨.把工作做到极致.北京理工大学出版社，2010.11

看到所有令人尊敬的国际型的企业都非常专注在管理的细节方面，我也希望百度会这样。"

史玉柱会充分放权，无论是人权还是财权。但对实战操作擅长的史玉柱也会在每次商业的成败关键环节亲力亲为。做脑白金时，他亲自调研了300名顾客，对公司将要发的软文，他与大家一起，按10大标准篇篇审核。

2008年，史玉柱表示自己这10年的变化最大的是开始注重细节。他说道："我以前做事都是搞大方向，大方向一定自己就不管了。我习惯带着我们的核心团队，他们都跟我一样，这样做事，成功率很低。"

在某一细节的操作上做出榜样，使员工有效法的标本，并形成一种威慑力，使每个员工都不敢马虎，无法搪塞。只有这样，企业的工作才能真正做细。史玉柱曾说过，很多公司战略正确，失败在细节上。"我认为企业要做成功，应该是'细节为王'。对公司老板来说，战略制定成功后，下一步的工作就是抓细节。"

史玉柱强调，作为一把手一定要抓细节。细节太重要了，尤其是关键环节的细节。一把手抓细节，可以有效地减少项目所承担的风险。一把手都重视细节了，下面的人很自然会不自觉地去重视。如果一把手马大哈，下面的人也会和你一样，那这个项目就完了。

史玉柱说道："回顾我20多年的下海生涯，这20多年里有3个时期我是抓细节，自己亲自干的。

"第一次是1989年，没钱没人，公司产品100%的代码都是我自己写的，所有的广告都是我自己写的，每个标点，每个字，每个设计都是我干的。那时，不管是否愿意，确实是自己抓细节，公司就发展起来了。

"到 1992 年，公司已经有了十几个研发人员，公司的产品六成的代码还是我自己写的。为了提高效率，凡是使用效率高的，重要的都加入统计，全部使用汇编来写。这个阶段，我们公司从零到了几百人的规模。

"1997 年，我们公司失败了，我又放下架子。每个广告文案全部我自己写，管理手册全自己写。所有分公司直接向我汇报工作。全体员工没有经过我的脑白金产品测试不能上岗。

"包括跑市场，70 多个城市，跑终端，没有上万，但绝对不低于5000，那时至少 3 年的时间就是抓细节。"

"第三次就是我接手巨人网络的时期。正因为我不懂网游，所以我才抓细节。我每天待在游戏里的十几个小时，就是在观察细节，虽然我不能解决，但我可以观察。"

史玉柱认为，中国过去 10 年，一些企业失败了，不是因战略出了问题，而是执行的细节上出了问题，从研发、生产、营销到管理，方方面面都要注意细节。

在战略的执行中，如果有很多细节处理不好，战略正确了也可能失败。这个时代是精细化管理时代。然而，领导人又不可能面面俱到，因而只能抓关键。任何过程如果有多数矛盾存在的话，其中必定有一种是主要的，起着领导的、决定的作用，其他则处于次要和服从的地位。因此，研究任何过程，如果是存在着两个以上矛盾的复杂过程的话，就要用全力去找出它的主要矛盾。捉住了这个主要矛盾，一切问题就迎刃而解了。在关键流程和环节上，企业领导必须追根究底，抓住最重要部位的细节。

史玉柱指出，现在有很多人也认识到了细节的重要性，但又不知如何去抓。根据史玉柱的个人的体会，老板应该去抓那个最关键的细节。因为企业战略执行成功，需要分出很多细节，有时甚至是几百个细节，老板不可能都去抓，而是要挑能决定企业成败的关键细节去抓。"我过去是这样做的，我觉得这么做往往成功。像《征途》，我只抓市场调研，其他事一点不管，这个细节非常重要。

"在我们公司真正我管的事并不多，我只是管研发，就算研发我也不管全部，我只管玩家的感受。我的角色更多是相当于国外叫做'不管部'的部长一样，我只关注玩家，我在公司只做一件半事，就是搭一个玩家与研发的桥梁，'半件'是需要做出重大决策最后会议我参加。"

授权：让懂的人做决策

日本经营之神、松下电器集团创始人松下幸之助，在论述企业主如何管理企业时说：

"当员工 100 人时，我必须站在员工的最前面，身先士卒，发号施令，当员工增至 1000 人时，我必须站在员工中间，恳求员工鼎力相助；当员工达到 1 万人时，我只有站在员工的后面，心存感激即可；如果员工增到 5 万到 10 万时，除了心存感激还不够，必须双手合十，以拜佛的虔诚之心来领导他们。"

这段话形象地描绘了企业主在企业不同阶段所扮演的角色。当事业规模小时，凡事可以亲力为之，然而当事业日渐发展壮大后，就需要放权。

管理大师彼得斯认为向员工授权可以激发员工的自主性及企业精神。他说，授权是尝试"热门"！必须尝试放手，否则就会由于行动过于迟缓造成不良后果，必须大力提倡废除大部分的传统控制方式，掌握授权这一高超的艺术就是比以往任何时候更多地授权，压缩常规的正式控制。

华人首富李嘉诚先生专注管理其旗下地产公司长江实业，但同时为和黄聘请最出色的专业管理人员，放手让他们全权管理业务。这种做法在亚洲实不多见，因为身为领导高层的家族成员往往喜欢自行其是，令外来的专业人员感到处处受掣肘，结果很快便辞职离去。

身为长江集团总裁的李嘉诚，对于放权有着自己深刻的体会，在他看来，凡事不可亲力亲为，要懂得重用才俊，唯其如此，才能将自己从事无巨细的一手抓的初期管理方式上解脱出来。

为什么很多员工都没有在适合的空间中得到发展？李嘉诚指出，这是源于员工的决策权太小。由于员工是被管理者，很少有机会自己决定工作中的事务，只能听从安排，这样员工就成了被动的执行者，不只是潜能，就是现有能力也很难发挥出来。让员工参与决策，就是要让员工有更多的决策权，可以选择适当的工作、适当的目标、适当的方法等，从而在最有利的环境中发挥专长。

李嘉诚重用才俊，把自己从事无巨细一手抓的初期管理方式上解脱出来了，以便能将主要精力用在事关全局的重要决策上。李嘉诚说："指挥一人是管理的上上境界，但具体实施过程中有很大难度。首先是要有千里马；第二是要对千里马充分了解，对其人品、能力以及是否适应本公司都要有深刻的了解；第三是有了千里马，还必须对大局全面了解，以便及时发现公司运营中出现的问题，及早根治。"

李嘉诚在谈到用人之道时说："我是杂牌军总司令，难道我的枪法会好得过机枪手吗？难道我可以强过炮手吗？总司令懂得指挥就可以了。"

微软创始人比尔·盖茨指出：作为管理者，你所要做的工作只是宏观把握，高瞻远瞩，而不是关心那些具体的细枝末节。因此，你所决定的只是告诉你的手下去做什么事，至于具体怎样去做，你应该放心地由属下去思考，切忌不要搞独断专行，不管大事小事，什么都是自己说了算，那简直是管理者最大的禁忌。

授予员工权力可以让管理者从繁杂的事务中脱身出来，专注于提高管理，瞄准公司战略去努力，但更重要的是它是管理者培训梯队的有效办法。

对于员工来说，被授予权力是其职业生涯的最好途径。通过授予权力，员工们感受到启动自己智慧的快乐，而不是限死在一个固定的圈子里重复着枯燥而没有前途的工作。

本田公司第三任社长久米决定开发"城市车"。他就把具体工作授权给了开发小组的成员。开发小组大多数是20多岁的年轻人。有人担心地说："都交给这帮年轻人，没问题吧？""会不会弄出稀奇古怪的车来呢？"但久米对此根本不予理会。年轻的技术人员则平静地对董事们说："开这车的不是你们，而是我们这一代人。"不久之后，凝聚了一群年轻人智慧的"城市车"华丽出场了。车型高挑，打破了汽车必须呈流线型的常规。一上市，很快受到了年轻人的青睐，大行其道。

在这场漂亮的"城市"战里，久米只做了两件事：决定开发"城市车"；确定开发小组成员。车设计成什么样子，如何设计，他没有发表过一句意见，而是完全授权给了下属，因为这是他们的长处。

2002年10月，史玉柱受邀作了一个《关于民营企业如何在困境中崛起以及巨人集团今后发展的战略》的演讲，在演讲中，史玉柱谈到了对干部的授权问题。

"对于干部呢，充分授权。美国通用我觉得它这点做得非常好。不管它现在眼前出了什么问题，我觉得它的授权做得确实非常好。因为我看它的分析确实有道理。比如说生产线，生产线怎么改造能提高它的生产效率，董事会的决策不如生产线的一个普通工人的决策准确。董事会去制定一个生产线如何改造、如何提高生产效率，肯定是不准的。"

史玉柱表示，如果让一个最不懂的人做决策，最懂的人不能做决策，这必然会造成人的能量发挥不出来。解决这个问题的办法就是让最了解情况的人有决策权。他对他最了解的那块有决策权，所以这就要求充分授权。"所以现在我们一直在注意这个问题，做得也不一定很好，但是一直在注意这个问题，稍微注意一点，就发现确实公司没有内耗，而且干部的凝聚力也强。因为他有权力，他得到尊重，所以他干得心情也舒畅，凝聚力也高。"

史玉柱认为，"充分授权"也可以提高管理效率。一个企业在人数不变的情况下，员工做出的贡献更高。"过去我们管全国市场，月销售额在3000万~4000万元的时候，总部有300多人从事管理；现在一年10多亿元的销售额，我们总部真正实行管理的全部人员只有十几个，但是管得也非常好，但每个人他都有权力。一个人干几个人的活，他又有权力，一个人又拿两个人工资，所以他也开心，效率又高。这是关于授权问题。"

史玉柱说道："我授权比一般的老板会彻底一点。就是下属非常坚持的，如果我又不是说100%有把握的，我一般不会否决他。我只是觉得，我也没有把握100%说会失败，最后它也不能完全说失败，但是称不上成功，称不上大成功，所以我觉得花那么多精力比起来不太合算。

"我的几个企业，用人都是用的我内部的老干部，但像创业的人，上来就应该这样：你先带他带一段，送一段，然后充分授权，因为他只有在充分授权之后，成长才能更快一点。

"要允许他犯一些错误。当然如果是灭顶之灾的错误不能让他犯，但是作为一个一把手来讲，你已经去抓了命脉了，其他的地方只要不是财务问题，只要不是安全问题，它一般也不会是灭顶的，一般来讲犯个错误还都有纠正的机会。"

2001年，"脑白金"销量突破13亿元之后，史玉柱随即将日常管理扔给了大学时的上铺陈国。史玉柱完全相信陈国，因为，巨人大厦失败后，"陈国、费拥军好几年没领工资，也一直跟着我。"

史玉柱说："2001年开始还国内的债，人数有1000多人。这个做完之后，到2002年的时候，我开始从管理位置上退下来。我自我感觉我的团队培养得还不错。那时候规模没有现在大，人数有七八千人。这个团队运营得非常好，所以我就退下来了。"

2002年，陈国去世后，史玉柱没重新接管"脑白金"，他将担子交给了刘伟。刘伟最初加入珠海巨人集团的时候，只是个普通的文秘。"刘伟做上海健特副总，她分管那一块，她花钱就是比别人少很多。""她跟了我12年了，没在经济上犯过一回错，我自然非常相信她。"

据刘伟介绍，在运作脑白金和黄金搭档的时期，史玉柱也基本只做一件事情：思考产品的营销策划。到了 2004 年，史玉柱一开始"打游戏"就对保健品撒手不管，于是刘伟等人就开始接手脑白金和黄金搭档的营销和市场，并对黄金搭档的营销进行了一次大幅调整。淡化礼品形象，打出了"补钙补铁补锌"的广告，并调低了价格。刘伟说："我们没有恪守史玉柱的战略，事实证明我们的调整是正确的。"

2004 年以后，史玉柱还提拔了一大批研发技术方面有突出表现的员工担任高管，如袁晖、丁国良、纪学锋等人。

2007 年 8 月，投身《巨人》研发的史玉柱开始淡出《征途》的管理，纪学锋这个 1979 年出生的复旦数学系硕士生被史玉柱推到了《征途》的管理前线。最初，纪学锋还经常会拿捏不准一些细节而请史玉柱来把关，但是现在，纪学锋已经能够掌控全局并开始创新，《征途》融入了很多即时战略游戏的元素，就是纪学锋的大胆尝试。

史玉柱赞赏道："我觉得纪学锋比我做得更好。""这个小伙子非常优秀，《征途》整个项目他管理比我关注的期间做得还要好。也不光他一个人，他也有他的团队，我觉得这个团队也完全培养出来了。像这次《征途》在线人数从 96 万上升到 152.96 万，这个上升过程中我是一点没有参与的。这个上升完全是这个团队的功劳。"

在管理上，史玉柱的影子在这家公司正在不断淡化。史玉柱笑称自己是一个很少来办公室的不合格的公司领导者。2007 年 9 月，刘伟被史玉柱从上海健特生物调到了巨人网络并担任总裁。"他更加放权。"刘伟说，"我觉得我们公司的管理在国内还是非常强的。"刘伟表示："其实史总他以前很少抓管理上的事，我们还有位 COO，张旅，他是最早来征途的，征途刚创业的时候张旅就来了，一直就担任一个常务副总的角色。现在是首席运行官。他也是我们老巨人的人了，差不多也是 1992 年、1993 年加入公司的。之前是张旅主要负责管理上的事，史总抓研发。到公司筹备上市的时候，我就来负责上市这个项目。正式过来担任总裁是 2007 年 9 月份。"

史玉柱和研发团队每天都需要开会，但是巨人网络公司管理团队的办公会议，却是每周才开一次，史玉柱也不一定会参加。"我们会把一周积累的事情在会上和史玉柱进行一些讨论。"巨人网络总裁刘伟说："其实大家的想法都很一致，10 多年的配合让大家显得很默契，史玉柱对我们也很放心，不需要依靠繁琐的流程和频繁开会来解决问题。"

史玉柱调侃说不是好的领导者。因为他在公司管的事很少，领导者大事要自己管，而他连大事都不管。"我们公司现在有 60 亿现金，现在放在哪我都不知道，使用现金我也不签字，这些事我都不管，我只管我爱好的事，所以我做领导不合适。但是好在我有很强的团队，像刘伟，她就在做全面工作，她就在全面地治理公司。""外界可能感觉到我做的事很多。其实公司重大决策是刘伟提方案，基本定型我会参与讨论，前期论证筛选都是她（刘伟）的工作。董事会召集、平时跟董事打交道，我从来跟董事不见面，都是她的事。管理层办公会议我从来不参加，人事她管，财务她管，公司的计划制订她管，目标考核她管，每个员工工资多少我不知道，干部工资多少我也不知道。"

史玉柱对于巨人网络公司的日常运营非常放手，放手到连巨人网络公司纽交所上市的整个过程都很少过问。巨人网络执行总裁刘伟说："聘请审计师和律师、配合机构做前期的辅导工作、路演、作报告……这些工作史玉柱都很少过问。这些'琐事'都是巨人的管理团队一手操办。"

史玉柱说："我希望巨人网络靠一些职业经理人打理，股东对它没什么影响，我希望巨人网络成为这样的公司，这样我心里更踏实一些，而且这样才能成为百年老店。"

2013年4月9日，在巨人网络新产品《仙侠世界》内测发布会上，史玉柱正式宣布，将于4月19日《仙侠世界》内测之日辞去CEO职务，留任董事长一职。史玉柱在对外宣布退休理由的时候，用了一个听上去颇为熟悉的说法——把互联网留给年轻人。这个观点的核心就是，到了一定年龄一定要把管理者的位置让出来，否则对公司的发展不好。"到了我这个年龄，思维上已经固定了，赖在这个位置上对公司很不负责任。"

领导者在进行有效地授权应遵循以下原则：

1．表明自己的期望，但不可过于强调

多数情况下，员工一旦了解管理者的期望，他们都能如期完成。只要管理者随时给予关心、支持和指导，他们就能尽力而为。如果管理者过于强调自己的期望，往往会使员工不堪重负。

2．不可越权指挥

下放权力的管理者只需告知理由，不必告知完成任务的方法。给他们充分发挥创造力的空间，这样获得的效果往往比你指手画脚要好得多。

3．不可撒手不管

下放权力是双方的事，彼此应紧密配合。交付任务时，管理者可以告诉对方你认为的最佳方案，他们可采纳也可以不采纳，自己判断。但是，事先一定要把事情说清楚。

4．不可如影随形

这刚好与上述情况相反。有些管理者交付任务后如影随形，每一细节都要督导，三天两头就要过问进展，表现出极不信任对方的态度，这不仅给下属增加压力，还打击了他们的自信，对你和公司都不利。

5．不可把"垃圾"丢给自己不喜欢的员工

作为管理者，应充分平等、宽容，事情不论难易，都应该根据员工的能力均分下去。不要感情用事，不要狭隘偏激。

6．不可有责无权

有责无权的下放权力方式注定要失败，而且还能挫伤员工的自信心与积极性。既然让他们肩负重任，就应该给予相应的权力，包括使用经费。如果他们什么都做不了主。那根本就不是下放权力，员工会认为你把他们当苦力使，不尊重、不信任他们。

只论功劳：以结果论英雄

"没有功劳也有苦劳"，当员工不能按要求完成工作任务而不被肯定时，这句话就会变成员工潜意识的怨言。"没有功劳也有苦劳"在市场经济中是行不通的。竞争时代：只有功劳，没有苦劳。承认没功劳也有苦劳具有严重的危害性。

海尔集团 OEC 管理法总结起来可以用五句话概括：总账不漏项、事事有人管、人人都有事、管事凭效率、管人凭考核。管事凭效率体现了海尔集团只认功劳，不认苦劳，更不能认疲劳的理念。可见在市场经济条件下，"没功劳有苦劳，没苦劳有疲劳"的观点是错误的。

承认苦劳将具有严重的危害性，承认苦劳就是承认低效率，迁就懒汉。海尔集团要求全体员工每天必须进步一点点。在行业竞争策略上要求一定要比对方快一步，如不能快一步，快半步也行，员工每天必须有进步。只有承认功劳才会有进步，承认苦劳的后果只能是退步。

在海尔集团，没有"没有功劳也有苦劳"之说，"无功便是过"。海尔集团有一个定额淘汰制度，就是在一定的时间和范围内，必须有百分之几的人员被淘汰。这在某种意义上说比较残酷，但对企业的长远发展是有好处的。

史玉柱在《赢在中国》节目中曾说过："假如你有两个团队，一个团队年底完成任务，每人发了一万元奖金；另一个团队，没有完成，但工作非常辛苦，每天比第一个团队还要多工作一半时间，你怎么办？""如果你要问我怎么做，那我会不发，但是我会在给第一团队发年终奖的当天请第二个团队撮一顿，喝酒。我的观点是，功劳对一个公司才是有利的，苦劳对公司的贡献是零。"

承认苦劳就等于承认低效率，就导致企业员工不再积极进取，而是得过且过，这样企业就没有任何效益可言，没有功劳的所谓苦劳只能是浪费资源。市场只认效率，公司只认功劳。企业只能创造效益，员工只能拿出成绩。只有要求企业员工一切看结果，凭业绩和效益说话，才能在企业中形成良好的工作和人才环境，才能使企业不断前进，在市场竞争中站稳脚跟并日益壮大。

巨人网络公司只有一个考核标准，就是量化的结果。正是以结果论英雄，才锻造了一个强有力的队伍。史玉柱力求让每一个员工明白，评价做事的成果"最终凭的是功劳而不是苦劳"。"不管再高的领导，都是要把个人的贡献与利益机制挂钩。"

对每一位经理，史玉柱不仅为他们提供了获得巨额奖金的可能，还给他们做不好就要接受大笔罚款的压力。对第一线的销售人员也是一样，做不好连300元的底薪也难保，但做好了就可以拿到高得惊人的销售提成。

史玉柱说："我们现在采用的就是固定工资很低，固定工资也就是同行业的平均水平或者还要偏少一些，但是浮动的高。我每多给你一点钱，从我总部的角度、从公司的角度来讲，我开心，为什么我愿意多给你钱呢？因为你做贡献了。实际上，我都是量化的。"

管理的"721原则"

2002年，有媒体在采访史玉柱时问道：珠海巨人集团有什么管理教训，最本质地用在了上海健特上？史玉柱的回答是："管理上的教训，在上海健特充分改正了。许多人都认为我们现在的管理还不行。但我知道我们的管理水平应该是国内一流的。"

史玉柱认为，管理的目的，不外乎四条：一是企业业绩好，有利润；二是干部员工有斗志，有激情；三是财务状况好，不能有烂账；四是员工的风气正，比如不能吃回扣。

不论是保健品还是网游，不论是脑白金还是黄金搭档，不论是《征途》还是"巨人"，史玉柱都将其做到了行业的第一。史玉柱甚至表示：

企业的目标是盈利，企业不盈利是最大的不道德。

史玉柱表示，管理的目的就是让员工最大限度发挥主观能动性，降低成本。巨人上市后，史玉柱表示："我觉得还是给我们的员工搭好事业舞台，让他们把能量发挥出来。一个人在一个公司主要追求两点：一个是基本需求——待遇，能让自己生活得更好，条件更好一点；第二个就是个人的自我价值能够得到实现，如果后面一点做好了，我相信这次上市之后，我们的人才不会流失。"

对于营销网络的管理，史玉柱制定了一个"721原则"：70%的精力放在为消费者服务上，20%的精力放在终端的建设上，10%的精力放在经销商上。"从重视经销商到重视消费者，我们是交了一笔学费的，这是我们在脑黄金项目上烂了3个亿的货款之后学到的教训。"

"721原则"是史玉柱在战略上实行"卖方市场"向"买方市场"转移。所有分公司、所有营销人员都不经手钱，所有零售商都只向经销商进货，所有经销商都向公司进货，现款现货，各地分公司及营销人员的职责是开拓市场，服务消费者，拉动终端。营销人员不直接做买卖，这就从根子上杜绝了财务隐患。货好卖了，经销商自然愿意现款提货。

"比如珠海巨人集团在高峰的时候有3个亿的烂账，其中有2亿是因为管理不善而烂的，有1亿是因为意外的。那为什么会烂，因为我们货款是赊销的，所以在低谷的时候我们就制定，哪怕我做得再小，我所有的产品现款现结，你不做就不做，但是我就是现款现结。开始很难，大家都说做不到，但是咬咬牙撑过来了，最后也就做到了，所以现在和我们做生意的公司全部都是现款现结。当然我们也不欠别人的钱，所有的供应商的款，我们也给你现款现结，广告费我们也跟你现款现结，就是我们也给你付出去，但是我们不欠别人的，别人也别欠我们的。这样一旦进入良性循环，大家知道你这个企业就是这个行为，你只要想和他做生意，他就是这样的，实际上认可了，也就做到了。所以现在脑白金累计几十个亿的销售额了，但是没有一分钱烂账。这是管理的一个方面。"

在上海健特，有一批专门的人员对脑白金市场工作进行自上而下的层层督察。这是脑白金市场管理体系中的重点，其自有一套严密的制度，基本原则是："以客观所见为依据，大公无私，宁可错判，绝不放过。"这也就是从根源上保证了上海健特员工的风气。"我们从开始到现在也没有一分钱烂账，基本没有吃回扣的。"

公司制度是无价的

柳传志在联想创立之初，还为联想设立了若干"天条"，这些"天条"成为联想不可触摸的雷区。"天条的意思就是谁违反了绝对不行。"在联想，对于触犯"天条"的员工，一定会受到类似于军法处置的严厉惩罚。柳传志说："公司对表现优秀、做出贡献的职工给予提高奖金、提升职务职称、出国学习工作等方式的奖励，对犯错误或违反'天条'的职工给予批评、扣发奖金、退交人事部甚至开除等处罚。由于公司的正确引导和纪律约束……锻炼和造就了一支老中青结合、纪律严明、军容整肃、团结协作、朝气蓬勃的职工队伍。"

在有些人眼中，开会迟到看起来是再小不过的事情，但是，在联想，却是不可原谅的事情。联想的开会迟到罚站制度，20多年来，无一人例外。柳传志认为，立下的规矩是要遵守的。他说："在我们公司有规定，一定规模的会，就是二十几个人以上的会，开会迟到的人需要罚站一分钟，这一分钟是很严肃地站一分钟，不是说随随便便的。因为开会的机会太多，要是总有人迟到的话，所有的事情那就都议不成了，所以我们定了规矩：只要你不请假，不管多重要的事情，都不能迟到。迟到了就要罚站，罚站就一定要站一分钟。罚站的方式是把会停下来，大家看着你站一分钟，像默哀似的，让你很难受。"

迟到罚站，柳传志本人也不搞特殊化，他也曾被罚站过3次。"这里面我大概被罚了3次，我被罚了3次其实不算多了，因为我开会最多呀。有一次是被困在电梯里面，电梯坏了，叮叮敲门，叫人去给我请假，最后没人，这种情况也是要罚站的。"

柳传志认为，管理中的"管"代表严格的管理制度，管人、管物、管财都是非常严格的；"理"代表一种软的手段，是理顺行为、理顺思想、理顺一个人整个的工作行为。

史玉柱说："我以前心肠也特别软，但有一次柳传志跟我谈，他说他们公司规定，开会的时候迟到是要罚站的，迟到多长时间，就罚站多长时间。有一次，本来约定8点钟开会，结果突然市领导找他谈话，等回来参加会就晚了，按一般情理来说，柳传志也是为了对联想很重要的事才来晚了，可以不罚站，但柳传志仍然坚持罚站，直到时间到了，他才坐下。这个例子对我触动很深，一个公司的规矩太重要了，谁都无权破坏。管理必须无情，公司制度是无价的。"

史玉柱认为，创业过程中很重要的在于制度建设。要让公司全部人员知道——公司治理无情人有情，公司制度是无价的。

"脑白金"前期的督察实施相当严格，扣罚严厉，各市场人员几乎没有幸免于难的，甚至有些市场部月月被罚。每个销售经理背后附带多人信用担保，曾经有一个大区经理不信这个"信条"，结果他与他的一系列担保人一起被罚50万元。但正因如此，"脑白金"树立了制度的权威性，保证了工作的准确执行。当然，必须在此同时提及"脑白金"公司与之相关的待遇政策：相关岗位待遇为同行120%以上，平均150%。

巨人网络副总裁汤敏说道："很多不了解的人以为我们管理很弱，其实在管理上，史玉柱是极其实在的，外表宽松，但流程非常严格。"

史玉柱认为，在公司里，如果人也有情，管理也有情，这样的公司是肯定要出问题的。

史玉柱曾多次向《赢在中国》选手提问：若一员工无意中损害公司物品，按规定需赔偿10万元，而本人无赔偿能力，你怎么办？对于这个问题，史玉柱自己的答案是："我们不能把人情看得比制度更重要。一个合理完善的现代公司制度，它的价值远远要比眼前的10万块钱重要。这是一个优秀的现代企业必须具备的素质。如果我们靠人情来管理一个企业，那这个企业离破产就不远了。人可以有情，但制度必须是无情的。这个问题，换成问我，我这样处理：首先判断这个员工对公司的贡献度大不大，重要程度如何，如果不重要就开除，让公司员工认识到制度的严肃性和管理的无情；如果这个人很重要，公司离不开他，那么我私下可以借钱给他，让他赔偿，但我绝对会照章处罚，否则对公司造成的损失将不能用金钱来衡量，因为一个公司最大的财富和价值宝藏——制度，被损坏了。"

在万科，一切忠于制度，所有人都要严格执行。对此，万科董事长王石说道："国内大部分企业缺的不是制度，而是制度的执行。万科的人事管理制度，90%是国企那一套，但却取得了国企所没有起到的效果。除了制度的完整与严谨，更重要的是万科有尊重制度和做事按程序的企业文化。"

关于万科忠于制度的故事有好多，其中一个尤为典型的就是黄铁鹰在《为什么万科的公司制度是真制度》一文中所列举的案例：

"1997年年底，万科人力资源部总经理解冻刚忙完手头儿上的活准备休假，却接到了上海分公司一个销售主任的投诉——上海分公司违反人事制度把他解雇了。

"解冻接到投诉后，抄起电话调查此事。经调查了解到：该员工不服从管理，应该予以辞退；同时销售经理也表示，如果万科总部要撤销炒人决定，他就立刻辞职。这让解冻为难了。上海分公司的做法显然不符合程序，最后，为了维护上海公司管理层的权威和尊严，解冻还是决定维持原判，并将此处理意见反馈给职委会。

"后来，职委会却提出反对意见。其理由是：《职员手册》是公司员工应该遵循的规章大法，所以应该严格去遵照执行，所以不能开这样的先例？后来，这件事情需要由王石来定夺，他经过同上海公司新的领导层充分沟通之后，说服他们收回成命。于是上海销售主任保住了饭碗，但受到降职降薪的处理；而销售经理却辞职了。"

万科对于企业制度管理的重视，通过上面的例子便可见一斑。王石强调，作为万科的人，可以反对王石，可以反对郁亮，但不能反对万科的制度；可以不尊重王石，可以不尊重郁亮，但一定要尊重万科。"好的制度只有切实的执行才能发挥应有的功效，否则就形同虚设。建立制度并不难，关键在于执行。只有依靠执行力才能将核心竞争力体现在最终的组织绩效上。"

没有现金，就没法生存

如果说利润相当于企业的血液，那么现金流则相当于企业的空气。因为现金流管理出现问题而使企业处于困境的例子不胜枚举。很多公司一直把注意力放在利润表的数字上，却很少讨论现金周转的问题。这就好像开着一辆车，只晓得盯着仪表盘上的时速表，却没注意到油箱已经没油了。

史玉柱曾回忆说，当时建巨人大厦的想法是：7 亿元的总投入资金自筹 1/3，卖楼花筹集 1/3，剩下的 1/3 可以向银行贷款。虽然动用自有资金这一块要 2 亿多，但是当时巨人的生物工程这个新兴产业发展势头很好，史玉柱认为筹这点资金不难。

然而史玉柱并没有向银行贷款。按房地产业的常识来讲，没有银行支持是不可能做成的，在巨人大厦动工那年，史玉柱被评为"中国改革十大风云人物"，而且中央领导频频到巨人集团视察，使得史玉柱名声大振，这些条件使得史玉柱从银行中贷款并不难，何况，他在资金筹措计划中，原打算有 1/3 从银行贷款，为何没有实施？

史玉柱表示，1993 年下半年，正当自己想从银行贷款时，中央开始加强宏观调控。"刚开始，我们倒不觉得贷款很迫切，因为前期卖楼花的形势不错，没有为资金担心，觉得没有银行贷款问题也不是很大。1994 年下半年，宏观调控影响加深，产生了作用，这对香港也产生作用，这时卖楼花也不行了，就把楼花全部停掉。"

史玉柱说："不过，1994年年底到1995年上半年，巨人集团效益很好，我们因此没有感觉到需要找银行借钱。1995年上半年是巨人集团最辉煌的时期，每个月账上这笔钱还没有用完，上千万的钱又来了。"

巨人大厦计划做64层的时候，史玉柱在地基上的预算是6000万元，可等70层的地基打完，整个投进去一个亿，当卖楼花的钱用完后，史玉柱就从保健品生物工程方面抽调资金。在集团整体财务运作上，生物工程是支撑巨人大厦建设的最主要的产业支柱。按理讲，开拓一年的新兴市场需要大资本支持，而史玉柱非但不给生物工程源源不断输血，反倒大量抽血。由此带来了最后的恶果。由于抽调过量，导致这一新兴产业过度贫血，生物工程出现萎缩，提供的资金越来越少，几近枯竭。

史玉柱回忆道："巨人大厦开工后，我的确不断抽生物工程利润投入大厦中。1995年上半年生物工程这边形势还不错，到下半年就开始衰气渐现，但由于我对大厦考虑过重，仍未停止抽血。因为我过量抽血，一下子把生物工程搞得半死不活，这一新兴产业逐渐萎缩。到后来，生物工程不能造血，整个巨人集团的流动资金也因此枯竭。"

柳传志曾如此评价："史玉柱把所有的边界条件都按最好的方向去设想，一个环节稍微一垮就要出事。"

史玉柱认为，巨人集团财务危机真正的导火索是卖给国内的那4000万楼花。"按合同讲，1996年年底兑现，可由于施工拖期，没有完工，当债主上门后，我至少要退4000万元本金。到目前为止，我已经咬牙退了1000万元，那3000万元因财务状况已经不良，无法退赔。结果债主天天上门催讨，酿成风波，震惊全国。"

1997年一整年，史玉柱都在想办法挽救珠海巨人集团。"这个时候，因为你救巨人救了一年，实际上手里可用的那点现金就全用光了，所以真要自己从头开始的时候，连那一点点现金都没了，那段时间是最苦的。"

史玉柱说，企业没有现金，就像人没有血液一样，没法生存。一个星期之内，珠海巨人集团迅速地垮了，并欠下了2亿元的债务，从休克到死亡，过程非常短。

现金流的枯竭，这一点史玉柱在反思自己的失败时就说过，当珠海巨人集团出现危机的时候，一度只差2000万元资金周转就能渡过难关，只可惜手里没有这笔现钱。经过珠海巨人的失败之后，史玉柱特别害怕现金流断开，所以，账上始终趴着5个多亿的现金。"我们肯定没有出现什么财务危机，更不可能会出现资金链的问题，我们现在随时都准备着足够的现金，应付一切可能的市场风险，这已经有过教训了。"

有很多人问史玉柱为什么放着这么多现金不动。"他们说这不是你的性格，实际上这是因为不了解我，这10年我做事，负债率2%，如果到5%我都有点坐立不安。外面对我的认识和实际有很多出入，我们内部人知道，我实际上很胆小。"

史玉柱认为，有资产但没现金是痛苦的，民营企业负债率不能过高，否则资金链就容易出现问题。现金一紧张，大多数企业都会采取借下属公司的钱、骗取银行贷款等"习惯性动作"，近几年出现问题的企业几乎都是这种情况。资金链绷得太紧和开快车的道理一样，跑得最远的肯定不是开得最快的那辆车。

与其他那些依赖银行贷款，或者拆东墙补西墙的资本运作的企业来比，史玉柱显然是步步为营，稳扎稳打。史玉柱表示："巨人投资现在是零负债，而且每个月会产生上亿的利润，所以即使把8亿美金都花完财务也不会有压力。"

第五章

团队哲学：强化员工归属感

我个人对他们是真诚的，我个人不会玩手段，也讨厌别人玩手段，不搞假的，也不曾想过要驾驭别人。虽然有时在工作上我们有不同的意见，但是，时间长了，他们也都理解我的这种性格。如果你对人不真诚的话，别人也不会死心塌地地跟随你，在企业中，一把手的人格很关键。

● 成功不是偶然 ●

史玉柱给年轻人的 8 堂创业课

给员工高薪，成本最低

创业初期，经朋友介绍，史玉柱招聘了 3 个员工。当公司赚得第一个 100 万元的时候，公司的员工不满足于只拿工资，一名员工说："我们每个人都应该有股份，大家应该将赚到的钱分掉。"史玉柱不同意，主张继续打广告。他对员工说："股份的事情可以商量，但每人 25% 不可能。"因为产品完全是史玉柱自己开发的，启动资金也是史玉柱个人出的，史玉柱认为至少应该控股，然后再看怎么分。史玉柱提出的是他们一起可以占 10%～15%。史玉柱的方案提出来后，员工不同意，结果当时就闹得很僵，史玉柱很生气，当场就把一台 IBM 的 286 电脑给摔了。

经历了这一次风波之后，史玉柱给自己制定了一条原则，"我从此再不搞股份制了"。在起伏的商业江湖中浸泡，史玉柱对人性有了更为深刻的把握。史玉柱说："民营企业，开创初期不能股权分散，凡股权分散的企业，最后只要这个公司一有起色，赚了第一笔钱开始，马上就不稳定，就要开始闹分裂，很多企业垮，不是因为它长期不赚钱，是因为它赚钱马上就垮掉了。"

史玉柱认为，中国人合作精神本来就很差，一旦有了股份，就有了和你斗的资本，造成公司结构不稳定。

史玉柱后来运作的企业母公司基本都是他个人所有，或者有些公司在法律面前，需要体现其他股东，那些股东也受史玉柱所掌控，而且母公司下面的分公司也是由他自己控股的。

后来史玉柱就给高管高薪水和奖金："就是给比他应该得到的股份分红还要多的钱。我认为，这个模式是正确的，从此以后，我的公司就再没发生过内斗。"

史玉柱认为，给员工股份不如给员工高薪来得实惠。在为《赢在中国》节目当评委时，史玉柱曾这样点评道："你一人持股，我非常赞同。公司小的时候，比如兄弟四人，一人四分之一，不会有太大问题，但公司一旦取得成功，90%以上内部会出问题。所以对已经取得相当规模的公司来说，我建议考虑股权、期权或者其他方式，在公司小规模的时候，我很赞成一人持股，其他人以现金作为回报。"

史玉柱认为，一个员工来一个公司，他追求的应该很多，但排到最前面的有两个：一是个人价值的实现；二是经济利益。即老板能给我多少钱，对后者，一个成熟的企业家应该正视。"1997年以前，我很注重前者……但重新创业之后我调整了一下，现在我把经济利益放在第一位。员工对公司的贡献首先要在经济利益上面体现，然后才是在个人价值上实现，虽然二者缺一不可，但作为一个好老板，应更多地照顾你的员工的经济利益，这可不是修辞学的问题"。

"当你给员工高薪时，你的企业成本是最低的！"这是史玉柱在《赢在中国》中一个全新的观点。为什么给员工高薪企业成本是最低的？史玉柱说："给员工高薪时，表面上看仿佛增加了企业成本，实际不然。我这些年试过了各种方法，高薪，低薪，但最后发现，高薪时是最能激发员工工作热情的，也是企业成本最低的一种方式。"

《太公兵法》云："夫用兵之要，在崇礼而重禄。礼崇则智士至，禄重则义士轻死……故，礼者士之所归，赏者士之所死。礼赏不倦，则士争死。"史玉柱是一个商人，在他看来，对人才的投资也是一种具有高回报的风险投资，投入高，回报也多；投入少，回报也少。而投入高，不仅能留住现有人才，使其更有激情工作，有更高的效率，也有利于培养员工的忠诚度，使员工流动率低。

史玉柱在点评一名《赢在中国》的选手时，就非常直接地建议这名选手给员工高薪，他说道："我建议你走高工资路线。表面上看，给员工增加工资好像会增加成本，但根据我自己的经历，我给员工增加工资的时候，紧接着就是我利润最好的时候。这点或许你不太认可。但你仔细想想，这里面有道理。对老板来说，你别指望最基层第一线的员工会跟你一样有雄心抱负，对你强调的那种企业文化有认同，实际上他们更多的人还是面临着要考虑个人利益问题。在一个行业里，如果长期走低工资路线，无疑将影响队伍的稳定，企业必然会做不好。

"另外，对老板来说，走高工资路线，那你和员工的关系你处主动地位；如果低工资，实际上你是被动的。如果你能比你前面两个竞争对手的员工工资稍微提高一点，我坚信一年之后，你的利润率会提高。当然，这样做需要勇气和智慧，但我建议你试试。"

高工资对企业来说未必是最大的成本支出，但对员工来说是最大的收入，也是求职者最先考虑的最重要因素之一。栽下梧桐树引来金凤凰，正因为高工资很容易吸引到德才兼备的高素质人才，高素质的人才容易实现企业的高效率和高效益，相对来说，高效率高效益会降低成本提高利润。

同时，因为高工资，增强了员工的主人翁意识，提高了员工的工作积极性，加强了员工的自律性，如此，员工不仅能够自觉遵纪守法，而且会自觉按照工作计划、工作流程、工作要求等出色地完成任务，这样就能减少管理人员和管理费用。

在刚开始进入网游行业的时候，史玉柱高薪挖到了原来盛大《英雄年代》的开发团队。史玉柱吸引开发团队的方式很简单，就是高工资。"陈天桥其实给得也很多，他给期权，一个骨干期权兑现都是几百万，但人家还有意见。他给的方式不对，有点冤枉"。

说到做到的执行力

在管理变革的时代，各种管理思想纷至沓来，如第五项修炼、学习型组织、虚拟组织，等等。但是，在我们谈论思想、变革企业战略的同时，实践和执行就成为一个不容回避的问题。实际与计划的差距、结果与目标的偏离，促使广大理论界和企业界人士将目光集中于"执行力"。早在19世纪，美国总统林肯就在他的军队里提出口号："主动工作、完美执行"，而今"执行力"已经沿用到了企业管理领域之中。

执行力很容易被企业忽略，执行力应该是企业战略正确之后的决定因素。柳传志曾这样解释执行力的重要性："决定一个企业成功的要素有很多。其中，战略、人员与运营流程是核心的三个决定性要素。如何将这三个要素有效地结合起来，是很多企业经营者面临的最大困难。而只有将战略、人员与运营进行有效的结合，才能决定企业最终的成功。结合的关键则在执行。"

柳传志毕业于军事院校。1961 年至 1966 年，5 年的西安军事电讯工程学院的求学经历，军人的高度的执行力文化也深深地烙在柳传志的心里。柳传志曾坦言："是军营塑造了我。"

柳传志把军人高度的执行力文化也带入了联想。联想的每年预算都能基本完成，因为各个部门的负责人都很清楚：在联想不太提倡定一个比较高的目标，再努力去够一下。定预算的时候要把最坏的情况考虑清楚。

柳传志表示，这一点实际是在部队里面学的。军队的执行能力，融化在柳传志的血液中。"当时我在科学院的时候，科学院的科研人员特别喜欢在完不成任务的时候，强调当时遇到的困难。军队不讲这个，军队只讲功劳，不讲苦劳。为了达到预定目标，要把最坏的情况想清楚，这样才可能达到总目标"。

"说到做到"是"柳氏心法"的一个重要内容，史玉柱把它植入自己再创业的公司。脑白金和《征途》两个团队的执行力相信会给许多人留下深刻印象。尤其是前者，遍布全国 2000 多个办事处网络，上万个销售终端，动作划一，令行禁止。整个系统运行多年依旧保持高效，且基本不出故障，的确让人惊奇。

史玉柱表示："如果谁说我们的执行力差，他可以这么说，但我绝不会承认。每年大年三十，你可以到全国 50 万个商场和药店去看，别人早回家过年了，我们 9000 名员工依然顶着寒风在那里一丝不苟地搞脑白金促销。如果执行力不行，干劲是哪来的？

"比如在这些中小城市的网吧里，我们两家争着贴招贴画，你盖我的，我再盖你的。如果我们的招贴画被对手盖了，我们的人肯定会在24小时之内发现，而对方多半一个礼拜都不去看一下。再比如，招贴画大家相互盖，而我们的人很快想出一个妙招，就是把招贴画做得比对手大一圈，边上全部写上《征途》，让对方如何都盖不完。这就是执行力的差异。"

史玉柱为脑白金和《征途》提出的企业理念是：说到做到，严己宽人，只认功劳，不认苦劳。这16个字也可以理解成是企业执行力不可或缺的元素。

说到做到

史玉柱在最困难的1997年的时候，准备做脑白金还没做的时候，找柳传志深入聊过一次，问他的一些企业文化。后来史玉柱公司的企业文化，就是吸收了联想集团的很多精华。

"第一条就是说到做到，做不到就不要说。这个话很土，但是很实用，这个就从柳传志挑起来的，他跟我说了这个标准。因为我过去也经常发生这个情况，我的部下向我拍胸脯，我下个月销售额一定做到多少，然后到下个月没有完成，没完成好像也没啥。然后他又再往下个月再拍胸脯，这样一搞就等于下面骗上面，上面再一放炮又骗下面，团队的气氛就非常不好，没有战斗力。

"后来我跟柳总聊过之后，我就定了这样的规矩。分公司要向上面报销售的时候，我就跟他们说，你可以报少，但报了就一定做到。这个气氛一形成，公司在这个方面就很踏实。

"你只要承诺了，几月几日几点钟做完，你一定要做完，完不成，不管什么理由，一定会遭到处罚。往往越没本事的人，找理由的本事就越高。我们干脆不问什么原因了，你部门的事你就得承担责任，不用解释。所以现在大家都说实话，不搞浮夸了。"

史玉柱允许分公司少报销售计划，但绝不许谁报多了没有完成。最初时，有好几个分公司领导因此一个月就被罚了十几万。"说到做到"在公司内部也已基本实现，公司内部的信用危机消除了。

"说到做到"是柳传志对"求实"的最佳注解。他说："我们靠的是说到做到赢得了我们大股东——中科院领导的信任，才有了今天让经营者充分施展的舞台；我们的领导班子靠的是说到做到赢得了广大员工的信任，才形成了这支拖不垮、打不烂的坚强队伍；我们的企业靠的是说到做到赢得了广大用户和合作者的信任，才有了今天的市场份额和继续上进的基础。1998 年香港的红筹股受到了极大的挫折，而联想的股票却突出地坚挺。我们的股市策略极其简单，核心还是说到做到。"

一个企业要成功，就必须说到做到，联想对这个要求得很精准。杨元庆曾说道："IBM 过去的文化里，会先承诺一个比较高的目标，但是最后年底完成率有 80%～90%，然后大家就想办法找理由解释。更要命的是，各管理层都可以宽容这些，90% 也 OK，80% 也 OK，但他们不知道，这样下去大家就没有一个底线了，没有什么事情是不能容忍的。我现在主张，你说到就要可以做到，只达成 99%，都不算达成目标。"

重奖重罚

和一般公司只奖励先进不惩处落后不同，史玉柱每次开公司总结大会，都一定是让最佳和最差的员工同时登台——最佳上台领奖金，最差下台领黄旗。

史玉柱说："在管理上，我们要求每一项工作都有考核，做到极致的标准去考核，对每个环节实施重奖重罚。两个方面实施之后我觉得我们做得还是不错的，虽然没有达到最理想，但是我们一直在进步，在这个行业内我相信我们是名列前茅的。"

可以说重奖重罚是"说到做到"的一个延伸。如果说到没有做到，那是要动真格的。2007年时"巨人"有一次在节点（项目的关键点）上没有完成目标，为此，总经理丁国强及几位核心骨干都被处以1万元的罚款。

有罚便有奖，巨人网络成立至今，奖励最大的一次是5万元，纪学锋拿到了这笔奖金。奖励是惩罚的5倍，这是巨人网络的奖惩导向。而在标准制定上，刘伟采用了节点指标的办法："我们不会有很模糊的概念，不是说"巨人"成功了奖多少，是没有这个概念的。比如说在内测这个节点，你要做到哪些指标，公测你要做到哪些指标，分解成一段一段这样来的。"

有媒体采访史玉柱时问，《征途》在线超过百万，针对这个成绩你制定什么样的员工奖励政策？史玉柱的回答是："我们每个季度或者每个项目重点节点都定了奖罚措施，只要取得大的成就我们内部一定会有一次发奖金的过程，该奖一定奖，奖罚分明。所以你刚才说《征途》到152万元，一定会有奖金，不但有奖金，我还会请他们喝一顿。如果没有达到具体的目标该罚也会罚，这就是我们管理的基本原则。"

手册，执行力的保证

在史玉柱刚开始做脑白金的时候，就是通过操作手册使销售人员将脑白金迅速推广开来。

"我和我的核心层亲自摸索出一套方案，我们称为傻瓜型的操作手册，有十几页。业务员只要按这种方案操作就行。后来我们把这套方案推行到 200 个城市，都取得了成功。"

史玉柱在《赢在中国》节目中曾多次强调手册的重要性，他说道："你需要一个规范的技术操作手册。这个手册，要具有简单、可操作、灵活等特点。也就是说，要让人一看就懂得操作，而且手册要具有能应对各种复杂情况的灵活性的特点，不能在苏州能用，到常熟就用不了了。应该学麦当劳，它做汉堡的手册有一尺多厚，主要目的就是应对各种复杂情况的。麦当劳正是把各种情况都考虑到了，所以它在全世界做的汉堡都是同等品质。"

史玉柱认为，手册内容越详细越好，功能越全越好，但应使用方便，像傻瓜相机一样，小学毕业生都会用。

史玉柱表示，企业要花大的精力建立一个连最基层的员工都可以看明白及易于操作的手册，尤其是《管理手册》和《营销手册》。很多时候，员工需要一本企业的读本，这读本能让他明白自己的职责，让他明白企业的产品，让他明白企业的文化。对于要保证执行力的企业来说，宣导模式更见成效。

在史玉柱的管理小册子中，终端管理手册、周边市场管理手册、办事处管理手册、经销商管理手册等等，大多就几页纸样子。言简意赅，通俗易懂，却说一不二。

小到"脑白金"贴在商场玻璃门上"推"、"拉"广告的高度，大到经销商回款晚一天其信用评级下降一颗星，这些在脑白金和《征途》的行动执行手册中都有详细规定。这些事无巨细的手册，几乎成为员工们的"红宝书"。

尤其是"脑白金"，经过 10 年打磨，已成一台高度严密的机器，任何人放在特定的岗位都能规范化操作，执行力也就得到了很好的保证。

对待员工要以诚相待

马云有一个观点，就是对他的员工一定要真诚，他追求与员工之间要做真诚的交流。他曾经在演讲的时候说："你可以不说，但是只要说，就要说真话。"

马云曾经讲过这样一个故事：他有一次到一个朋友的公司里面去，发现中午的时候公司员工都在午休，他觉得这个老总还是很关心职工健康的。谁知道这个老总笑着说："我哪里是关心他们呀，我这是为了省电，所以就骗他们，让他们中午强制休息两个小时，可以节约不少电费呢！"

当时，马云就觉得这家公司活不了多长时间。如果这点小事都不能够对员工讲明，像对待贼一样地防着员工，员工又怎么能够为公司全力以赴呢？果不其然，这家公司很快就倒闭了。

马云特别强调对待员工要以诚相待。还是在 1995 年、1996 年的时候，那时的马云还在做中国黄页。有一次由于资金紧张，离发工资的时间只有 3 天了，公司账号上却只有 2000 多块钱，而仅工资就要发 8000 多块钱。

马云没有隐瞒这种情况，他直言不讳地将公司的困境告诉了员工。马云真诚的态度赢得了员工的理解。员工告诉马云：没关系，就是两个月不拿工资也跟你干下去。虽然马云最后还是按时给员工兑现了工资，但是这种对员工以诚相待的做法，却一直保留了下来。

在珠海巨人期间，史玉柱无论走到哪里，第一件事就是办员工食堂。1992 年在珠海，他按每人每天 15 元的标准让食堂开伙，规定早餐的主食和中晚餐的菜式必须有 4 个以上，饭菜不好，或者偶尔有人吃不上，他就会大发脾气。史玉柱以前的部下王育在其著作《谁为晚餐买单》中这样写道："史玉柱如果是一个伪君子或诈骗犯，我们在一起的日子只是一场投机或一场游戏，那大家也就淡淡一笑罢了，但当时的史玉柱是幼稚的但真诚的企业家，我们共同为之倾心倾力的公司后来惹了这么多麻烦，这怎么不令人扼腕长叹！"

史玉柱表示，虽然和部下在工作上面是经常会发生冲突的，但是个人关系确实非常好。"我觉得我比不少的民营企业老板做得好，对自己的下属，对他好是真心的"。

珠海巨人集团失败之后，史玉柱交不起手机话费，直到 1999 年，才重新用上手机。出差主要是坐火车，硬座。很长一段时间，身边的人连工资都没得领。但是有 4 个人始终跟在他身边，他们后来被称为"4 个火枪手"：史玉柱大学时期的"兄弟"陈国、费拥军、刘伟和程晨。外界常常用"沉浮"、"动荡"来形容对史玉柱团队的印象，但谁也不能否认其"嫡系"十分稳固。2001 年，史玉柱表示，在他最困难的时候，对他帮助最大的是他身边的几个骨干。"我好几年没有给他们发工资，他们一直跟着我，像'上海健特'总经理陈国、副总费拥军。我将永远感谢他们"。

费拥军，因为在珠海巨人集团"落难"后一两年居无定所，跟爱人产生了分歧。"史总建议我，让我爱人也到南方来工作——他知道我是不愿离开她的。后来我跟她谈了，她不同意，我们就离婚了"。费拥军，谈起追随多年的理由时说道："兄弟有难，不能抛下他不管。""他不是为了一己私利背这个包袱的"。不止是4个火枪手，一直以来都有几十人跟着史玉柱出生入死。史玉柱一直念念不忘他的团队："这个团队非常好。大家总认为我还能起来，尽管当时我没钱。"

2002年2月15日，史玉柱在还清了债务，宣布复出后，费拥军应某媒体的请求，提供了一份跟随史玉柱的人的不完全名单：陈国、程晨、吴刚、贾明星、薛升东、王月红、蒋衍文、张连龙、黄建伟、陈凯、杨波、陈焕然、方立勇、李燃、陆永华、龙方明等。

可以看出，一个企业的成功绝对不是一个人坚持的结果，而是一个团队坚持的结果。那么，如何在最困难的时候让你的团队不离不弃，史玉柱已经告诉了我们全部的秘密所在，那就是：领导者的内心真诚是团队愿意不离不弃的真正原因。

史玉柱说："我觉得他们跟我私交都很好，最关键的原因就是我对他们真诚，我对他们首先是真诚，只要你真诚了，你在你的言行上必然会表现出来，就是内心对他是真诚的。所以我和我的部下处得非常好，像过去几年中国的民营企业家进监狱的一大堆，为什么进监狱？一般都是核心团队出问题，核心团队举报老板，这都是内讧引起的，但是我们没有发生过内讧，从珠海巨人集团成立到现在都没有。即使我们有一些困难时期骨干员工离开了，都会找我谈一次，而且非常地诚恳。"

史玉柱最得意的是，1997 年之后的一天，他发现部下们每个人的腰里都别一个 BP 机。整个团队都没有人用手机了。"手机停掉，不是我要求的，他们是自发的"。

史玉柱表示："我个人对他们是真诚的，我个人不会玩手段，也讨厌别人玩手段，不搞假的，也不曾想过要驾驭别人。虽然有时在工作上我们有不同的意见，但是，时间长了，他们也都理解我的这种性格。如果你对人不真诚的话，别人也不会死心塌地地跟随你，在企业中，一把手的人格很关键。"

2005 年，史玉柱在接受媒体采访时表示这些年来最伤心的事情就是陈国的去世。"我一生中最爱的人是我的团队，我一生中最伤痛的事就是陈国出了车祸。"

陈国是史玉柱的大学同班同学，他们住在一个宿舍，陈国住在史玉柱的上铺。"他是我最好的帮手之一。复出之后，他长期担任上海健特总裁。2002 年那会儿我在兰州开会，接到了上海的电话，说陈国总裁出车祸了，我当场就蒙了，嘴里喃喃着：'不可能吧。'连夜飞回上海，回去之后人已经不行了，这件事是仅次于珠海巨人集团倒掉的打击，打击很大，全公司把业务都停掉处理后事，那是一种痛失左右手的伤痛。每年清明，我和公司的高层都要去给他扫墓祭奠。现在我对车的要求很高，坐 SUV 为主。另外加了一条规定，干部离开上海禁止自己驾车。"

痛心疾首的史玉柱挑起了赡养陈国家眷的责任。

如今已是巨人网络总裁的刘伟觉得，由于相互之间的诚恳和信任，使得巨人管理团队形成了一种"不官僚，亲自动手，不按部就班，出现问题要立即解决"的实干型文化，10多年的配合下来，史玉柱和整个管理团队形成了非常好的默契。"从2002年开始到现在，我们的团队还是同一个，现在赚的钱多了，但是工作时间也多了，也没有时间花这个钱，这种凝聚力还是得益于企业文化，我们总想要聚在一起干件大事。"

史玉柱表示："从创业开始就一直没离开过我的那一批骨干，我对他们的人品、能力都是认可的，他们对我是信任的，他们觉得我对人真诚，也认可我的能力，我们是磨合出来的。"

尊重部下是必须的准则

IBM拥有三条准则，这三条准则对公司成功所贡献的力量，被认为比任何技术革新、市场销售技巧或庞大财力所贡献的力量都更大。其中第一条原则就是"要尊重个人"，这条原则早在1914年老托马斯·沃森创办IBM公司时就已提出，小托马斯·沃森在1956年接任公司总裁后，将该条原则进一步发扬光大，上至总裁下至传达室，无人不知无人不晓。IBM公司的"尊重个人"既体现在"公司最重要的资产是员工，每个人都可以使公司变成不同的样子，每位员工都是公司的一份子"的朴素理念上，更体现在合理的薪酬体系、能力与工作岗位相匹配、充裕的培训和发展机会、公司的发展有赖于员工的成长等方方面面。

万科董事长王石曾说："我在20世纪80年代初来到深圳的时候，深深感受到计划时期的企业文化对个性的压抑，对人缺乏最起码的尊重。因此，在创办万科的过程中，我始终强调最起码的一点，对人的尊重，对个性的尊重，强调企业中人本主义的思想。"作为万科企业的创始人，这一思想在后来万科企业文化的形成过程中打下了深刻的烙印。

王石说："人才是一条理性的河流，哪里有谷地，就向哪里汇聚。尊重人，为优秀的人才创造一个和谐、富有激情的环境，是万科成功的首要因素。"

王石在 2004 年新春致词中写道：

尊重人，使得万科形成了和谐而富有激情的工作氛围，汇聚了一批批优秀的人才。这支优秀的专业团队怀着远大的理想，引领万科不断进步。

尊重人，意味着平等、理解、信任、宽容。在万科，我们强调每一位员工在人格上平等，公司尊重而且必须维护他们的人格尊严。公司对每位员工都有严格的要求，为每位员工提供公平的回报，并为公司职员提供充分的发展空间。

尊重人，意味着坚守高尚的职业道德，坚守阳光照亮的体制，以及对健康丰盛的人生的执着追求。万科坚信，一个健康的公司，是同规范化和是同每位有着美好的生活理想和坚定的职业道德的员工密不可分的。

尊重是人的一种基本需要，要真正把员工看做是企业的主人，切实把尊重员工落实到实际行动上，尊重员工的选择，尊重员工的创造，尊重员工的劳动，切实维护好员工的自尊。

当珠海巨人集团出现危机的时候，史玉柱把全国分公司的经理召集起来，专门召开针对他自己的闭门批判会。回顾当时的情景，史玉柱还是深有感慨，他说道：

"大家批判我，批判了3天3夜，我觉得那个就很有用。我的第一个分公司经理，还是一个女的，她说我感觉这么多年来你不关心我们这些员工，我印象就非常深刻，回过头来我想我真的不关心员工，批判我3天，那个对我收获最大。这句话很刺痛，不关心后面还有一句是不尊重。这个印象应该是非常深的。"

因而，在上海健特时期，包括如今的巨人网络时期，碰到不同意见，史玉柱说："我们争论。"最后谁说了算？"由办公会议决定。"不难想象，有过沉痛教训的史玉柱，会更加注意和尊重这些旧部的意见。尊重部下已经成为史玉柱1997年以后坚持的一贯原则。

史玉柱说："一定要尊重部下。因为你只要这样做，他假如换个单位，可能就不会再碰到一个这么尊重他的老板和上级，所以在困难的时候，他也不会走。在困难的时候，我们这个团队还都在。当时尽管那么困难，但我们大家都有战斗力，300人在一块开会，300人工资都发不出，但是300人战斗力都还在。

"最要紧的是你内心深处一定要把他看成是和你平等的人。有的老板会觉得你比我低一等，我是老板，你是我的雇员。假如你真有这种想法，你的言行必然会表现出来。这样你四周的人不会跟你一条心。人是对等的，你一旦对他们尊重，他们会更加尊重你。"

尊重下属并不等于对下属非凡体贴，史玉柱表示，具体到某项工作，该批还是照批，批得很厉害，但这只限于工作方面，你内心里一定是尊重他的。

让员工拥有归属感

在《赢在中国》节目的点评中，史玉柱对某位选手从家族公司员工归属感的培养方面进行了总结点评：

我对你提一个建议，就是家族公司的问题，家族公司有成功的，但是家族公司比公众公司成功的难度要大，你怎么样解决这个问题？我的公司，像巨人集团，我100%持股，但是我怎么处理？我只是给你做参考，我虽然也是家族公司，但是我的员工没有当成家族公司。我是怎么做的呢？我的所有公司有一个原则，我的亲属不能来公司，直系亲属不能来公司，非直系亲属如果到公司，不能当干部，看门、开车可以，但是作为公司骨干不可以，我一刀切。这样我和员工处理关系，我自己觉得很轻松，他没有把我当成家族公司来看待。

家族公司有一个非常不好的方面，举一个例子，假如你太太在公司，你的太太说一句话，这句话哪怕是正确的，都会有员工去议论它，去从负面角度议论它，这样会给你的管理带来很大的麻烦。还有就是家族公司很难做大。家族公司有弊端，你再做大就有问题，你的骨干归属感的问题。家族公司里的员工很多都没有归属感。

作为一个家族企业的领导者，李嘉诚说过："忠诚犹如大厦的支柱，尤其是作为高级行政人员，忠诚是最重要的。当然，具备了忠诚，还要讲求其工作表现及对公司的归属感，若没有归属感，员工掌握了工作上的知识及技能便离开，对公司也没有好处。"如何使家族企业的员工拥有归属感呢？

举贤避亲

巨人网络公布的招股书显示，史玉柱的女儿史静占据了 18.57%的股份。对于自己的女儿为何占据了这么大的股份，史玉柱解释说："这是因为我自己的单一股份太大了，所以我把一部分股份转让到了女儿的名下，而女儿对自己拥有这么大股份一事并不知情。"

史玉柱将股份分给女儿的做法是否可取，在这里就先不做评价。然而，他表示虽然自己的女儿也爱玩网络游戏，但不会考虑让女儿在未来进入巨人网络担任职务的做法，就值得家族企业学习。

管理大师德鲁克总结过"家族企业的管理规则"，其中第一条就是："家族成员不应在企业里工作，除非他们和其他非家族成员的职员至少一样能干而且勤奋。对于一个慷慨的侄子，给他钱但不让他工作比让他在企业里占个位置要便宜得多。让平庸的甚至更糟糕的家族成员在家族管理的企业工作，会使非家族成员的同事感到不快，这是对非家族成员自尊的一种冒犯。"

如果平庸并且懒惰的家族成员在企业里占着位子，整个员工队伍对高层管理乃至对整个企业的尊敬就会减少，有才能的非家族员工不会待得太久。留下来的人很快就会成为拍马奉承者。

万科董事长王石非常赞成举贤一定要避亲的观点。王石认为，中国的新兴企业以家族为纽带，或者是以家乡子弟兵为纽带，这样是很难机会均等的。"比如说，如果我有一个亲戚，侄子或者是外甥在万科工作的话，我跟人力资源部说要平等对待他，实际上是不可能的，这还是董事长的外甥，更不要说董事长的女儿在万科了。所以到目前为止，我是做得很极端的，我没有一个亲戚在万科工作，我们家的姊妹挺多的，我姊妹八个。"

万科自始至终没有王石的亲戚，既没有直系，也没有旁系，没有王石的大学同学，也没有以前的旧同事，也没有儿时的玩伴。王石带头这样做，同时也要求下属遵照执行。为了避免造成裙带关系，万科不提倡夫妇双方同时在公司工作。由于最大限度地削弱了血缘、宗亲关系的影响，因此，在万科公司内部，人际关系相对而言比较简单，为公司的规范化管理创造了一个良好的环境。

据说，多年前王石曾离开公司去外地学习了一年，回来后发现他那毕业于吉林大学国际金融专业的表妹在公司上班，虽然他表妹是万科需要的人才，但却硬是被王石劝走了，王石的逻辑是"如果你有本事，去哪里都能施展；如果你没本事，凭什么在我这儿混"？

举贤避亲的考虑避免了企业人际关系复杂所带来的管理问题，给职员提供公平竞争的机会，公司内年轻职员完全凭自身能力获得没有天花板的上升空间，而不是靠裙带关系。

民主管理

史玉柱使多数员工参与公司决策的民主管理方式，在充分发挥研发团队的创造性的同时，提高了员工的归属感。

史玉柱经常和自己的游戏研发团队一起玩游戏，并且在研发游戏的过程之中，征途网络内部形成了投票的传统，少数服从多数。史玉柱曾说：

"再次创业 10 年来，我觉得决策还是要民主化，大部分人反对的事情绝对不做，分歧、争论很大的就投票解决。从 2002 年开始到现在，我们的团队还是同一个，这种凝聚力还是得益于企业文化，我们总想要聚在一起干件大事。"

在"征途"的开发过程当中，史玉柱与游戏研发人员的分歧也不少。意见不统一时，史玉柱会和大家反复沟通。在僵持不下时，便开会，使更多的人参与其中进行讨论。为了让大家接受"征途"的免费模式，史玉柱花费了至少3周时间。因为免费模式只获得了极少数的投票支持，而这其中有史玉柱自己的一票。史玉柱反复找团队沟通，每次感化一两个人。在经过多次努力之后，团队终于有多数人同意了史玉柱的观点。

坚决不用空降兵

2005年，从华润"空降"到中粮担任董事长的宁高宁写了一篇叫做《空降兵》的文章，描写了他当时所面临的尴尬："企业的空降兵，无论是哪个层面上，都是一件很尴尬的事情，就像是一场正在进行的激烈的足球赛中突然换上一名队员（可能还是队长），这名新队员对他的队友和球队的打法并不了解，他要在比赛中融入队伍中，很容易造成慌乱；空降兵又好像一位陌生人闯进了一场热热闹闹的家庭聚会，他不知道大家正在谈什么，也不清楚这个家庭里的很多故事，这时候他开口讲话，很容易唐突。"

也许并没有一个权威的统计，不过根据业内人士通常的观点，一个"空降兵"在新公司超过3个月，就是"着陆成功"，超过一年，就是"融入成功"，公认的一个数字是，职业经理人在企业成活一年以上的不超过 20%，也就是说 80% 以上的空降兵是牺牲掉了。

史玉柱用人的一个原则是"坚决不用空降兵，只提拔内部系统培养的人"。他认定的理由是，内部人员毕竟对企业文化的理解和传承更到位，并且执行力相对更有保障。

史玉柱表示："我们不用空降兵，就是说，外面哪个人是 MBA 毕业的，是个海归，这个人有多大本事，然后聘来做总经理，这种事我们不做。不是说他没有本事，我觉得这是中国很多企业的特点造成的。因为现在回过头来看，过去 10 年之内，至少 5 年前吧，凡是用这种方式引入的，中国的企业成功几率非常小。"

为什么会失败呢？史玉柱分析道："固然他有可能很有本事，但是有没有本事他是相对的。比如一个外科医生，在他的手术室里面，他是个人才，他跑到商店里面，要当促销人员，他可能还不如一个小学毕业的，他就不是一个人才了，他这个人才是相对的。每个企业都有自己的特点，每个企业都有自己独特的文化。在其他的企业里面，他是个人才，那只能说在他那个特定环境下，他是个人才。换了个环境，他就不一定是人才。"

中国企业的"空降兵"有八成都会因为"水土不服"而"阵亡"！"空降兵"不能适应新企业的文化是重要原因，其次，企业新老员工拉帮结派、互相敌视也是加速"空降兵""阵亡"的一大诱因。作为企业，公司对"空降兵"的期望值是很大的，一旦达不到要求，加上下面员工的不合作，会将"空降兵"的缺点放大。

至于另一个不用空降兵的理由，史玉柱说道："企业发展的过程中，你已经积聚一个队伍了，空降兵即使是个人才，但是原来的队伍是不会轻易接纳他的。你老总、董事长再怎么扶他，只要中层干部抵制空降兵，只要每个人的内心里稍微抵制一点，他工作都开展不了。你再有本事，只要大家抵制你，你也没办法。当然，你也不可能引进一个大海归，就把所有的过去的人通通都换掉，也不可能。另外还有一个原因呢，现在外面知名度高的，说是人才的，实际上有很多也不一定是真人才。因为是真人才的人啊，往往不爱说话，而且很少说这句话'我很能干'。我看我过去用过的人里面，真正能干的人很少说'我的水平高'，凡是直接就说我的水平很高的人，最后来看，没有一个是人才，因为他都满足了嘛。还有从心理学的角度，就因为他不是人才，所以他心里面不踏实，所以他就不断要通过说自己是人才，来弥补自己心理上的问题，所以我情愿放弃一些机会，我们不走这条路。"

早在2001年复出之时，史玉柱就曾说过，未来的"上海巨人"中，领导层的一半将是"珠海巨人"时期的。可以这样说，他的核心班子一直很稳定，都是患难与共的战友。

史玉柱的关键岗位上用的都是跟他打拼过来，经历过生死的人，在他看来，内部的员工就像是地底长出的树根。

按刘伟的介绍，尽管经历了珠海巨人集团的倒塌，但脑白金分公司的经理有一半都是最初跟随史玉柱起家的人马，这些人在脑白金已工作六七年，而脑白金和征途的多数副总更是早在1992～1994年期间便是珠海巨人集团的员工。

刘伟是史玉柱最早的员工之一，历任文秘、人事部长、副总裁等职，现在是巨人网络总裁。

程晨，1995年从南京国际关系学院毕业加入巨人集团，曾担任史玉柱的行政助理；困难时期她借给史玉柱10万美元发工资、还债，是陪同他攀登珠穆朗玛峰的4人之一，现为巨人集团副总裁。

汤敏，20年前，刚大学毕业就被史玉柱派到香港，独立承担巨人集团在香港的业务。现在，他是巨人网络媒体关系和行政副总裁。

费拥军，从最早巨人天津公司的一名普通员工，到之后天津公司的副总、新疆分公司的经理，之后调回珠海总部，陆续出任上海健特公司副总经理、黄金搭档公司副总经理等职。费拥军一直追随史玉柱，在史玉柱人身安全受到威胁的时候，费拥军曾挺身而出，全力"护驾"，属于"忠实老臣"。

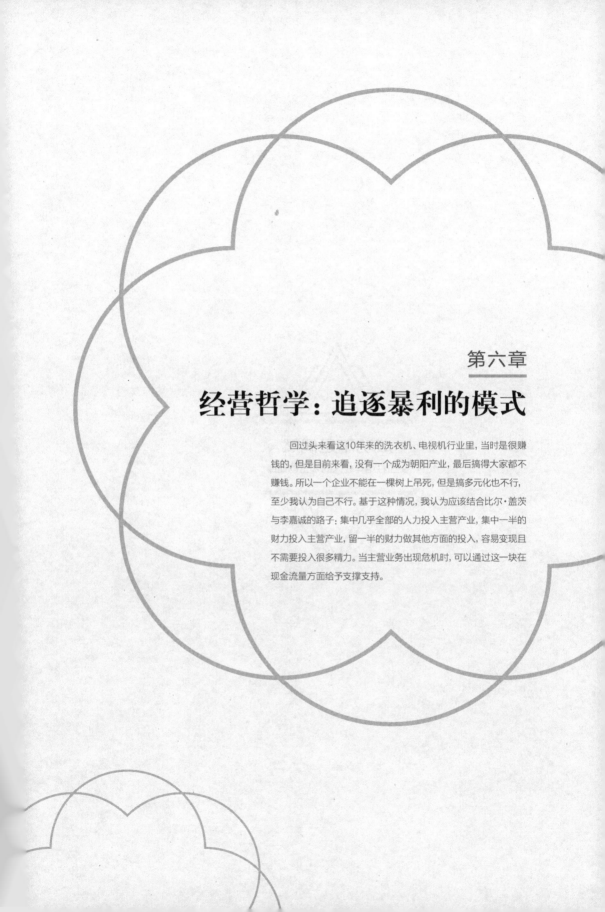

第六章

经营哲学：追逐暴利的模式

回过头来看这10年来的洗衣机、电视机行业里，当时是很赚钱的，但是目前来看，没有一个成为朝阳产业，最后搞得大家都不赚钱。所以一个企业不能在一棵树上吊死，但是搞多元化也不行，至少我认为自己不行。基于这种情况，我认为应该结合比尔·盖茨与李嘉诚的路子：集中几乎全部的人力投入主营产业，集中一半的财力投入主营产业，留一半的财力做其他方面的投入，容易变现且不需要投入很多精力。当主营业务出现危机时，可以通过这一块在现金流量方面给予支撑支持。

成功不是偶然

史玉柱给年轻人的 8 堂创业课

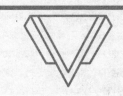

追逐暴利的行业

史玉柱是中国最具争议的企业家。他的市场直觉非常好，总能迅速找到行业爆发的时间点，并以最为快捷和高效的方式获得成功，被人称为"史大仙"。同时，他的商业行为则饱受争议甚至引人厌恶，被人称为靠挑起战争而发财的"军火商"。

至于为何总是在争议性很强的行业里打转？史玉柱说："做什么都有争议。吃饭吃什么还会有争议呢！"

由于阿里巴巴和巨人网络上市的时间非常接近，并且马云与史玉柱两人的年龄也仅差两岁，因而人们习惯于将他们两个人作比较。马云说："让别人去跟着鲸跑吧。我们只要抓些小虾米。"马云的商业领域，面向的是占有企业总数85%的中小企业，后来又延伸到淘宝中的个体，最后是做全球贸易的生态链和产业链。

和马云相反，史玉柱的商业领域是从不做微利的，史玉柱表示：第一，回避微利业务；第二，经营者应通过创新和技术使自己产品的利润提高。方法包括成为行业第一以获得更高利润。脑白金、黄金搭档与"征途"，莫不如此。

史玉柱对暴利行业的热爱，使他成为中国致富速度最快的商界人物，从 1997~2007 年，财富积累超过 500 亿元。同时也引来了骂声一片。巨人网络总裁刘伟认为，史玉柱之所以成了媒体的靶子，和他个人有关。说话直接，不经过包装，不懂得掩饰。

为了再次崛起，并还清欠下的债务，史玉柱选择了他最熟悉的保健品行业。史玉柱承认，通过做脑白金这类保健品，可以让他快速地翻身。"不做脑白金，没这么快翻身。1998 年我从朋友那里借了 50 万元，开始运作脑白金。先做一个县，有了钱之后再做一个市，再做一个省，用两年的时间才把全国市场打开。1999 年年初打开了全国 1/3 市场，年底差不多打开了全国市场。真正铺开，是从 2000 年起。如果现在要打开全国市场，只要 3 个月就可以了。保健品产业刚起步，还没到过度竞争、产品同质化的地步，这与彩电容易引发价格战不同，保健品产业靠技术，有差异化，没有价格战。这个产业又可以细分成上百个行业，如补血与补钙，就是不同的行业。这个行业，总成本占比重不大，行业平均是 1/3，销售费用是 20%。"

为了保证企业持续经营下去，并快速地崛起，史玉柱依然选择了保健品这个行业，推出黄金搭档。然而，没有永远的暴利行业，在看到脑白金、黄金搭档不能再带给他更高利润的时候，史玉柱将它转手卖给了四通，自己转向去从事另一份暴利的行业——网游。网络游戏产业产生也才只有几年的时间。网游的暴利性，网易总裁丁磊曾做过一个贴切的形容："网络游戏是每天睡觉都可以有成千上万收入的行当。"

对于人们认为网游是暴利行业的说法，史玉柱表示："投资人肯定会更喜欢阿里巴巴那样的商业模式，因为那种模式讲故事会更动听。我们才 20 倍的市盈率，而他们是 106 倍的市盈率。"同样做网游的朱骏（第九城市董事长）对史玉柱表示理解："史玉柱做得很好。没骗没抢，钱都是玩游戏的人自动给他的，游戏又是政府批准的。不信？（那些）骂他的人做个游戏给我看看？每个人赚钱都是很艰难的。"

实业与投资相结合

从 1994 年巨人大厦动工到 1996 年 7 月，史玉柱未申请过一分钱的银行贷款，他把银行抛到一边，要独自支撑那高达 72 层、投资 12 亿元、超过他资金实力十几倍的当时全国最高的楼。最终，巨人大厦抽干了"巨人"的血，珠海巨人集团开始由顶峰走向深谷。经历珠海巨人失败后的这些年里，史玉柱也逐渐多了很多金融意识，他给自己的下一步发展制定了一个业务模式，那就是"实业＋投资"。

实业家是脚踏实地地经营自己的企业，无论是制造业还是服务业，都在极力打造自己的品牌，靠手中的产品赚取利润。而投资家运用手中的资本，或者借助别人的资本，进行眼花缭乱的资本运作，从中牟利。"比尔·盖茨是条路，李嘉诚走的是另一条路。前者死认准一个产业，在一个产业做透，使股价迅速增值。而李嘉诚是看什么行业赚钱便做什么，他涉及的行业有几十个。他是以投资家的身份，通过高明的投资手段、严密的项目论证，使其集团规模扩大。"

从单纯的实业投资到一些"流通性好，可以随时变现或者很容易抵押贷款"的特定领域投资，史玉柱已经在未来发展的资金需求上迈开了步子。史玉柱是个传奇人物，经历过大起大落之后，他正在以自己的独特方式理解，什么叫中国式的企业资金安全保障，他也在完成从实业家到投资家的蜕变。

史玉柱认为中国更需要像比尔·盖茨这样的企业家，就是真正地做实业。如果各个行业都有那么几个，中国肯定会很有希望。但是从中国目前各方面来分析，中国有中国的特点，比如恶性竞争，任何一个行业今年赚钱明年未必能赚钱。

史玉柱说："回过头来看这10年来的洗衣机、电视机行业，当时是很赚钱的，但是目前来看，没有一个成为朝阳产业，最后搞得大家都不赚钱。所以一个企业不能在一棵树上吊死，但是搞多元化也不行，至少我认为自己不行。基于这种情况，我认为应该结合比尔·盖茨与李嘉诚的路子：集中几乎全部的人力投入主营产业，集中一半的财力投入主营产业，留一半的财力做其他方面的投入，容易变现且不需要投入很多精力。当主营业务出现危机时，可以通过这一块在现金流量方面给予支撑支持。"

史玉柱在东山再起之后除了专注于实业营销，他分别入股民生银行与华夏银行。史玉柱在实业和投资两个渠道上平行推进，相互策应，互为补充。2002年11月，史玉柱将亲手打造成中国保健品行业领导品牌的"脑白金"高价卖掉，并宣布从此退出脑白金市场。虽然他退出"脑白金"市场，但是丢碗不丢筷，手中还掌握着脑白金40%的股权，并无彻底放弃保健品的意念。2003年，史玉柱说道："我们的工作重心不会更多地侧重于资本运作，而仍然是在实业方面，主要涉足两个行业：生物科技和金融。生物科技方面主要做保健品和药品，'黄金搭档'是我们2003年的重点；金融业方面，我们比较关注投资风险较小、收益率较高的项目。当然，对于其他行业，我们也会予以一定的关注，比如 IT 行业。"

在很多人眼中，史玉柱的形象到了 2004 年前后才有了变化。在此之前，他一直是个靠广告狂轰滥炸来销售保健品的家伙。直到他把脑白金和黄金搭档卖给四通，并且有越来越多的投资项目为外界所知，人们才惊呼：史玉柱变成了一个投资家。

2006 年，史玉柱说道："这几年我已经完成了转型，从实业过渡到投资，我们在这些投资项目中的身份是投资者，具体的管理由管理层来操办，我只参加董事会，讨论和确定战略等重大事项。

"我实际上是投资人的身份，而不是一个实际操盘的人。我现在的职务就是巨人投资公司的董事长，我在下属公司，最多在征途公司兼一个董事长，其他我很少兼职。"

史玉柱手下企业数目庞杂，著名的便包括了"巨人"、"健特"、"四通"品牌，如今又多了一个做游戏的"征途"，但史玉柱的名片上，标明的头衔只有"巨人投资公司董事长"一职。史玉柱介绍，自己的事业，主要就是以这个投资平台为起点，一步步往外参股。

史玉柱曾经说："我最愿意把金钱用来投资。"对于自身的定位，史玉柱表示："我既不是一个成功的投资家，也不是一个成功的企业家。我觉得我过去可能还想往实业家的方向发展，现在实际上是一个投资者，说难听点儿就是一个资本家的身份。'巨人'已经是一个资本领域的品牌了，我更喜欢'资本家'这个职业。"

史玉柱说，自己这 10 年来就做了 3 件事，保健品、投资银行、网游，因为都充足准备，都成功了。"大家说我运气好，实际我们团队研究了至少 2 年，论证了所有行业，才做出了投资决定。"

银行的赢利模式

2002 年，史玉柱把欠的债还清了，现金越积越多。"别人知道我们有钱，每天都有新的项目找过来。但是我特别怕犯错误，担心不该投的项目投了，企业会有问题。"

史玉柱和自己的团队一起研究，怎样能避免犯这个错误，"因为当时我们面临很多的诱惑，有很多项目非常好。最后我们决定了应该如何把这个钱花掉：第一，投在回报率高、稳定的行业；第二，安全，钱不会一下子没了，安全系数高；第三，可变现能力强，因为我们公司可能随时就要钱。

"我们根据这三个条件，搜寻了很长时间，最后确定我们要去投已经上市或即将上市的银行。这几个条件都能得到满足：证监会、银监会、股民、老百姓、储户都在监督，银行还会影响到社会的稳定性，所以安全性没问题；然后，我们预测未来 10 年银行业还是会处于高速增长阶段；第四，因为它是一个上市公司，或者是即将上市，一旦我们公司需要钱，可以在流通市场出手。所以当时我们把账上的现金都投到银行业。投完之后我们就不管投资的事情了，不像以前，有人拿项目来，我们还有专人接待。"

2003 年，史玉柱将"脑白金"和"黄金搭档"的知识产权及其营销网络 75% 的股权卖给了段永基旗下的香港上市公司四通电子，交易总价为 12.4 亿元人民币，其中现金为 6.36 亿元人民币，其余为四通电子的可转股债券。"手头钱太多就会想着去投资。"

数亿元的现金趴在账上，史玉柱开始向保健品之外的行业投资，第一个被他选中的，就是回报稳定的银行业。这时万通集团董事局主席冯仑清理非地产业务以外的资产，可股市低迷，苦于无人有数亿元现金来接盘。最后冯仑找到老朋友史玉柱，以非常便宜的价格把 1.43 亿股民生银行的股票卖给了史玉柱。"尽管冯仑在这些股票上少赚了几十亿，但他还是很感谢我当初接过了他的股票。"

史玉柱还受让了华夏银行 1.68 亿股股票。"华夏银行的股份是慢慢凑起来的。四通有 6000 万股华夏银行股份被法院冻结要拍卖，我替段永基把钱还了，在进入拍卖程序前把股份拿了过来。后来又等到一个机会，华夏银行要上市，当时华夏的大股东是首钢，它不卖掉 8000 万股，证监会就不批准它上市，我就买了过来。我给的价格好，当时应该是 1 块多钱，我 2.18 元买进的。现在一股 5 块多，还是拆股了的。"

史玉柱喜欢把现金储备称为"趴"在银行，但他大部分的资金，不是以存款形式而是以银行股份的形式存在。"2 亿不够，我就'趴'20 亿元在银行。"史玉柱所说的，包括民生银行和华夏银行两家的股份，也包括四通电子的一些股份。其中，华夏银行上市后给他带来了惊人的资产增值。史玉柱表示："银行的商业模式非常好，哪一个银行的年利润增长如果低于 50%，这个银行行长应该撤职。现在银行的成长正常每年应该是 60% ~ 80%。"

在投资方面，史玉柱的要求近乎苛刻，投资回报率要超过 15%。史玉柱自称，自己作为银行股东，收益相当不错："我在银行业的投资 3 年翻了一番，有机会的话，我一定增持在华夏银行、中国民生银行的股份。"

史玉柱当年花了 3 亿元买入的华夏与民生两家银行股票，如今价值已经超过了百亿元。2007 年 10 月，史玉柱在接受媒体采访时表示："至于金融方面，我主要受益于原来买的华夏银行和民生银行的股票。现在我要求投资部门原则是只投资金融业，金融业中原则上只投银行和保险。为什么呢？一般的企业，随着规模增大，资产的收益率会逐步递减，这就是'规模的诅咒'；而银行相反，由于自有资本比例很低，左手吸纳储蓄右手发放贷款，其实是一个杠杆，拿别人的钱赚钱，因而随着规模增大不仅不会降低自身资产的收益率，反而会提升其收益率。"

过去的一段时间里，对外投资史玉柱基本上只投金融领域，在金融领域只投银行，在银行当中只投上市的和即将上市的公司，即使在银行当中有些因为风险考虑，也不投。

史玉柱认为，银行的商业模式很清晰，而且稳定。储户存钱，一年给 2% 的利息；要贷款，收 6.5% 的利息。只要资金量足够大，利润就很高。今天如此，10 年之后还会是这样，因此会非常稳定。

史玉柱说："在我们账上有 5 亿元现金的时候，我就考虑投资的事情。我想一定要投资到可靠的方向上。当时考虑过国债，安全但是价值不高。后来和人谈的时候才知道，银行业以后会高速发展，盈利模式清晰。"

另一方面，全国性的银行一般不会破产，是管的人多，上市银行有证监会管它、银监会管它、股民在管它，相对来说它犯错误的几率要小一些。真的全国银行要出问题了，国家也要管它。

李嘉诚曾说过，投资首先是要看退出机制通畅不通畅，其次才是看收益高不高。史玉柱非常认同李嘉诚的观点。因此，史玉柱想寻找的是风险不大、变现能力强的行业来投资。

史玉柱要求投资的资金能在一周时间之内变现。"我投资银行股权就是作战略性资金储备，因为随时可以变现……投资银行不是为了做金融产业。当手头钱太多时，就会想着去投资，投在银行回报不低，如果缺钱就可变现。"

网游的巨大的空间

史玉柱有着 20 多年的玩游戏的经验，他曾颇为自豪地说："我是骨灰级玩家。"

史玉柱表示，当初去玩游戏目的纯粹是玩。史玉柱说道："因为我是软件工程师出身，早期软件工程师几乎都有这个习惯，编程序累了，休息，玩游戏，然后接着编。很多人都养成这个习惯，我也是当程序员期间养成的这种习惯，那时候就喜欢玩游戏。"

有趣的是，在玩盛大的《传奇》时，史玉柱申请注册的用户名就叫"收礼只收脑白金"，为此盛大董事长陈天桥还曾经开玩笑说，应该收"脑白金"的广告费。刚开始时，史玉柱只有 30 多级。用他自己的话来说，"属于'任人宰割'的郁闷状态"。"谁都可以欺负我，一刀就能杀死我，于是我就看这个区里谁级别最高，发现他是 70 多级的玩家，是温州网吧的一个老板。这个老板是以在网吧里白玩为条件，找 3 个人为他 24 小时练下的账号。我花 3000 块钱把这个账号买了下来。找分公司经理直接把钱送过去。"

然而这个 3000 块钱买来的区域级别最高账号并没有改变史玉柱

"任人宰割"的状态，于是，史玉柱直接打电话向陈天桥理论。陈天桥告诉他是因为没有好装备。"原来在网游中装备能起到 80% 的作用"。于是史玉柱又毫不吝啬地从其他玩家那里买来了顶级装备。史玉柱为了游戏装备或游戏里遇到的问题，经常直接打电话给陈天桥。陈天桥有时也会在公司高层会议上提起这些，陈天桥当时很得意，认为《传奇》的市场推广做得很成功，能吸引像史玉柱这样重量级的玩家。

由于保健品行业已经走入了稳步发展的阶段，史玉柱基本不参与保健品的管理工作了。一个季度开几次董事会成了史玉柱的主要事务。按照史玉柱的说法，由于他自己的习惯是凌晨入睡，然后从午后开始工作，"在脑白金走上正轨以后，不能要求所有的干部都跟我一样的作息时间，所以从午夜 12 点到天亮这段时间，我基本是没事干，也就是从这段时间起，我开始打网游。"

史玉柱说，接触网游后就一发而不可收，雇人练级、高价买装备的事他都做过。巨人网络副总裁程晨透露了史玉柱玩游戏的一个细节："大家以为他是作弊，因为他光买武器就花了 5 万块钱，然后我们还说，傻吧，5 万块钱买虚拟的东西。"

2003 年，史玉柱在玩《传奇世界》时，发现了好多不合理的地方，史玉柱向陈天桥建议后，他却没做修改，这让史玉柱感觉到网游还有巨大的空间。

史玉柱曾对盛大的《传奇》上瘾，他平均 1 个月在《传奇》上的开支超过 5 万元，在一个拥有极品装备的账号上先后共投入了几十万元。史玉柱在自己玩网游的过程中，看到了这个行业的前景。"这是个利润相当丰厚的行业。后来公司就讨论了投入网络游戏行业的发展前景。"

由于史玉柱有了大量的时间和精力去从事另外一个项目，董事会也有意让史玉柱再找点事情做，于是当史玉柱提起要做网游的时候，董事会居然全票通过了。

2004 年 10 月，盛大网络一批研发人员走出来寻找投资，史玉柱连忙投入 2000 万元网罗住这批人才。在绝大多数行业专家、有关媒体不太看好的大环境下，史玉柱率领着"征途战舰"起航了。团队问题解决了之后，上海征途网络科技有限公司便诞生了。

2005 年 4 月，史玉柱的第一款网游——《征途》正式开始公测。自称拥有 20 多年骨灰级玩家资历的史玉柱表示："在我眼中，之前中国还没有能及格的游戏，但我们公司的产品一定要先过了我这关，所以只要是我们推出的，就会是最好的。""我给《征途》，我可以打 80 分，我相信它会成为中国最好的游戏。"

开发《征途》的 100 人团队中，有 20 人来自盛大，陈天桥会有什么反应？2007 年 7 月的一天，史玉柱和陈天桥又见面了，陈天桥说："讲实话，征途最初从盛大挖人，我是有意见的。后来一看征途做得这么好，我没法对你有意见了，我对公司的人说，这些人留在盛大能做出一款这么高在线人数的游戏吗？做不到。既然做不到，人家走就没错。"

史玉柱把进军网游归结为自己的 IT 情结和对网游的无限热爱。当年他的珠海巨人集团就是从电脑行业起家的，先是巨人汉卡，然后才是保健品。"要知道我最早就是从事 IT 业的，现在只不过是找了个机会回到老本行。现在保健品业务运转顺畅，我相信我的团队已经不需要我投入太多精力了。"

而史玉柱重回 IT 行业，首先选择了网游作为切入点，曾经创造了惊人财富神话、又令无数公司铩羽而归的网游行业，又多了一名入场者。史玉柱表示："我还在互联网里寻找机会。"

进入网游市场后，史玉柱完成了自己对 IT 业的回归。史玉柱表示，退休前只干网游这一件事，他说道："网游这个舞台太大了，我说我一定要把这家公司做好。我是程序员出身，对于现在回到 IT 了，是回娘家了，正是求之不得。这是第一个原因。第二个原因是我本人特别爱玩游戏，我的工作主要是玩游戏，没有几个老板像我这样爱玩游戏的，工作就是自己的兴趣所在，我会充分利用这一点。退休了我也会干 IT，我终于找到自己归宿了，感觉很好。"

《征途》的发展速度确实让业界很多人没有想到。2005 年 11 月 11 日，成立一年的上海征途创造了一个奇迹，当年 9 月推出的《征途》游戏，同时在线人数超过 68 万，超过了盛大《传奇》创造的 67 万人的最高纪录。史玉柱公布，《征途》月盈利达到 850 万美元，在国内游戏公司当中，仅次于网易。

在《征途》成功之后，史玉柱牵头拟订了"双子星"计划，兵分两路，由他非常看好的两位制作人分别领衔。大家熟悉的研发副总裁、复旦数学系毕业的纪学锋选择从商业模式上进行突破，开发了《征途 2》。史玉柱花了 3 年多时间打磨了《征途 2》，这款在商业模式上取得突破的游戏获得了玩家与市场的认可，它在线人数已突破 50 万大关。《征途 2》已经成为近几年国内自主研发网游中最成功的产品。

另一路由研发副总小刀领军，他拥有非常资深的游戏制作经验，选择了从游戏玩法上进行突破，耗时 4 年，投资 7500 万元，开发了《仙

侠世界》，这是一款仙侠题材的 3D 网游。史玉柱认为这款游戏能像
《征途 2》一样成为一款大作，为巨人开拓与之前征途系游戏风格完
全不同的玩家群体。

史玉柱表示："网络游戏是一个新生的行业，在中国诞生的历史
还不足 10 年，我希望把巨人网络打造成百年的老店。"

网游：赚有钱人的钱

一直以来，国内网游都是以点卡等付费方式作为主要的赢利方
式，玩家在游戏中消费的点卡一开始作为运营厂商的主要收入来源
并逐步成为行业惯例。早在当年玩网络游戏《传奇》的过程中，史
玉柱发现一个问题："游戏中，像我这样有钱没时间的人，和一些中
学生消费的方式几乎是没什么差异的，这在营销上来讲是很不科学
的。"

史玉柱认为，传统的收费模式有个不合理的地方，玩家必须要
买时间，否则不能玩，不论你是个下岗工人还是个亿万富翁都一样。
同样是 45 块钱，对富翁来说和 4500 块钱都没有区别，但对下岗工人、
学生是个很大的负担。所以这个模式是不合理的。传统收费模式存
在致命的弱点，必然要变革。

史玉柱决定推出免费游戏。早在 2005 年内测时，《征途》就宣
布游戏将永久免费，虽然目前国内多数网络游戏都是免费运营，但
在当时，还没有几个游戏公司敢于这样做，毕竟风险太大。

提到盛大的"第一个免费"，至今史玉柱还有些愤愤不平，因为

在《征途》推出之前，史玉柱就打算以第一款国产永久免费游戏为噱头，可没想到盛大提前宣布旗下三款主要网游免费，抢在了《征途》前头。

史玉柱曾说，他非常在意这个第一的名头："《征途》是中国真正第一款大规模做的免费游戏。虽然盛大比我们早宣布了几天，但是它宣布完了之后并没有做，当它投放市场的时候，我们早已经做起来了，不但我们做到了，而且我们的规模也已经做起来了。现在，提起免费游戏，一般行业内人士第一时间想到的就是《征途》。"

与收费游戏不同的是，免费游戏并非挣所有玩家的钱，而是"挣有钱人的钱"。"对于《征途》的盈利方式，我们是赚有钱人的钱，对消费能力低的玩家实行免费。可能在我们的游戏中，有一半的人不花钱，但他们同样起到关键作用，因为玩游戏的人多，才能让有钱的玩家更愿意出钱。比如，我们知道有的玩家，每月都要拿出 2 万元买装备的钱发给手下的'兄弟'，我们就要给这种有钱人花钱得到服务的机会。"

史玉柱对他的消费者，即游戏玩家做了细分：有钱没时间的、没钱有时间的、有钱有时间的和没钱没时间的。"网游玩家有这么几类，一是学生，农村中也有很多；二是白领；三是失业者；第四个就是公司老板，大公司老板不怎么玩，小公司老板比较多。"

史玉柱认为有钱没时间的、没钱有时间的玩家占据了游戏玩家的大部分，是主要的游戏群体，而史玉柱又对其做了分析："有钱没时间的占到 16% 左右，他们花人民币玩游戏，也称人民币玩家；没钱有时间的占 70%，他们主要靠大量的在线时间挣钱玩游戏。"

史玉柱对《征途》的定位是："我们的游戏设计时重点针对了白领，

消费力强，我们的消费者平均年龄偏大，学生不是主流。"

挣有钱人的钱，让没钱的人撑人气，如此，大家都能皆大欢喜。

网易首席执行官丁磊也曾说过："免费模式零进入门槛，是让'有钱没时间'和'有时间没钱'的玩家都能有很好的游戏体验的一种模式。"

免费游戏其实只是一种形式，即与以前相比，不再按在线时间收费，而是靠出售道具、材料等赚钱，比如补血药水、打造装备的材料，玩家对这些东西的不节制消费反而会为运营公司贡献更多的利润。史玉柱说道："虽然我们的游戏是免费的，但是里面有收费的增值服务，它可以让玩家更轻松地升级，打造装备，同时也是游戏赚钱的盈利点。

"免费模式并不等于'免费午餐'，免费模式最大的特点是对玩家市场的细分，即任何玩家都可以完全免费玩游戏，但对高级玩家而言，则需要付出相应的成本以便实现更完美的游戏体验。目前，《征途》80%以上的收入来源于不到20%的玩家，且付费玩家的忠诚度远高于其他玩家。

"我们这个游戏设计的是这样，首先对有钱人的需求，我们为他制造了商品在里面。对于有一点钱的我们也为他制造了商品，就是消费水平极其低的。另外下岗工人、学生，一点钱都没有的，我们也为他制造了商品。我们差不多70%的玩家在里面是一分钱不花的，他们玩得不亦乐乎。"

《征途》的盈利模式，就是装备不是按件卖，而是依靠购买多项材料来打造，而打造又有成功率，装备打造完成了还要提升装备等级，每一个环节都要钱。为什么玩家愿意来花钱打造装备呢？因为玩《征途》你就得不断升级装备来和别人 PK，否则你根本玩不下去。那为什么玩家又会蜂拥而至呢？史玉柱的营销手段抓住了玩家贪小便宜的特点，发工资，送股票，所有好处看似玩家都占了，其实是完成了 80% 免费玩家支撑游戏，20% 付费玩家享受游戏的过程。

生命周期的思考

2007 年，史玉柱说道："我下海差不多 18 年了，18 年里我有接近 10 年一直在琢磨一个事，就是产品生命周期的问题。产品生命周期是我过去 10 年里所有考虑问题里最多的一个问题。

"比如说刚做脑白金和黄金搭档的时候，别人说你的产品不可能过得了 3 年，因为是保健品不可能过 3 年，过了 3 年以后说一个保健品不可能过 5 年，主流是这样的概念，过了 5 年以后又改成七八年，脑白金已经过了第 10 年了，而且 2007 年上半年脑白金的销售额创造了历史的最高峰，打破了关于生命周期的一些定论。也就是说生命周期可以通过你的努力、通过你的思索来解决的。"

史玉柱进入网游这个行业后，首先关注的就是生命周期的问题，当想明白了之后才开始做，别人问史玉柱可以做多少年，史玉柱说做 10 年没有问题，不断研究过了以后，史玉柱突然发现网络游戏实际上是跟保健品行业还不一样，网络游戏是很长寿的。

史玉柱认为，网游这个行业在未来 10 年、8 年内，肯定还是属于一个高速成长的行业，这个主要是基于一个大背景。就是在中国人民的生活不断富裕之后，人们对娱乐的追求必然在增加，再加上中国人基数又很大，目前中国网络游戏的玩家占社会总人群的比重在全球还是属于非常低的，而生活水平增长又是最快的。所以基于这样的大背景，在未来的很多年都会高速成长，当然在增长过程当中它会有一个时间成长得快、有一个时间成长得慢，甚至不排除某一个事件、某一个政策的出台让这个行业暂时性地小幅回落，这个都是有可能的，但是大的趋势肯定是这个行业欣欣向荣，是一个朝阳产业，而且是属于高速成长的行业。

史玉柱说："很多人都看到网游不如前几年风光了，也许以后也不会有那种风光了。但在我眼里，网游仍是一个每年有 30% ～ 40% 增长速度的朝阳产业，并且距离衰退还有相当长的时间。网游的主力市场其实不在大城市，而是在小地方，在县里、乡里。而这些周边市场走到顶峰起码还要 5 年时间。"

史玉柱认为网游的生命周期是很长的，凡是在线人数能够撑过一年的游戏，现在一个都没有死掉。

虽然《征途》推出 2 年多了，但一直受到玩家欢迎，巨人网络也试图通过资料片、新功能与新玩法来增加玩家的新鲜度。2008 年 1 月 18 日，《征途》推出新资料片"同城约会"。"新的资料片只放了几个区，但是人气已经相当火爆。"刘伟称。这已是《征途》公测之后第三次推出资料片，前两次的资料片依次为"跨服远征"和"世外桃源"。

事实上，通过不断地推新资料片，对游戏进行修改，已经成为目前国产游戏延续自己生命周期的主要方式。"游戏跟电影不同，电影推出后就无法修改，但是游戏可以修改。"刘伟表示。史玉柱对《征途》的下一步计划是增强研发，加大创新，让《征途》"延年益寿"。

史玉柱说:"《征途》五年之内没有问题,就是保证 5 年、8 年问题不大,这个要靠什么?靠我的持续研发。只要你好玩,只要你不断有新的东西出来,它们的生命周期不会短。

"网络游戏是经营设局,理论上如果你不犯错误的话,可以无休止地做下去。理论上不发生错误的时候,玩家发生转移、变化的时候,你可以及时地调整,玩家维护得好的话,理论上可以无限做下去。我想对于《征途》来说,一点问题都没有,我觉得 20 年也有希望。"

第七章

反思：最真实、最宝贵的总结

我的结论就是失败是成功之母，成功是失败之父。一个人成功了之后，他会忘乎所以，以为自己很能干，就为失败埋下了伏笔。相反，你要是失败了，你肯定会去反思，而这时候的思考、总结是最真实、最宝贵的。所以以后要听名人的讲座，最好不要听成功人士的讲座，成功时候总结的经验往往都是扭曲的，因为自大，往往看问题不全面。

成功不是偶然

史玉柱给年轻人的 8 堂创业课

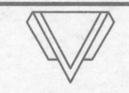

摔跤后，要真正汲取教训

史玉柱表示，人是需要摔跤的，尤其是在成长中的年轻人更是如此！一个在顺境中活了 50 岁的人的心理年龄永远还是和一个 18 岁的年轻小伙子差不多的。

史玉柱认为，摔跤并不可怕，关键是我们在一次一次的摔跤中总结了什么，学习到了什么才是关键；一个不懂得学习，不懂得反思的人，摔很多次跤都是没有用的！古人云：日省三身！起码我们应该做到遇到问题的时候需要好好思考和反思！正如网易首席执行官丁磊所言："人生是个积累的过程，你总会有摔倒，即使跌倒了，你也要懂得抓一把沙子在手里。"

当有人问史玉柱在经历珠海巨人集团失败后消失的三年在想什么，"沉寂三年，大家都在想一个问题，就是说你三年在想什么呢？"史玉柱的回答很值得我们深思，他说："第一年只是想怎么样能把珠海巨人集团给救活；第二年就开始反思了，才真正静下心来反思，在珠海巨人集团从辉煌到衰落，在这个过程中自己究竟哪些做错了，哪些还有成功的经验，以后还可以借鉴。大概思考了半年多吧。"

摔了跤后，是不是真正汲取了教训，这对史玉柱才是最重要的。

史玉柱表示："我不敢说我们把过去的教训百分之百地都汲取了，但肯定是汲取了大部分的教训。只有失败以后，才有可能静下心来认真地去总结。"

史玉柱认为，人只有在低谷的时候，一个人很凄凉的那种环境下，才能去认真琢磨这些事儿，"现在那些做得好的，你去跟他们谈，他们的口气跟我当年一样。你不信去谈谈，都是好像老子天下第一，这个事我也能做，那个事我也能做。事实上每个企业每个人真正能做的事很少，适合自己、能做成功的事实际很少。你看有一个企业现在做得很好，他就强调它应该多元化经营，我就反对，我说多元化经营最后肯定失败。"

史玉柱强调，人在成功的时候是学不到东西的，人在顺境的时候，在成功的时候，沉不下心来，总结的东西自然是很虚的东西。只有失败的时候，总结的教训才是深刻的，才是真的。"我在1994年、1995年时，做过很多总结，现在看来都是瞎掰。但低谷时的总结是边总结边做，改进后马上见成效，不论在管理上还是营销上都收益很大。"

2007年10月，史玉柱谈到了当时失败时总结经验教训的方法，他说道："我究竟错在哪里？我想找到答案。我怕自己想不彻底，就把报纸上骂他的文章一篇篇接着读，越骂得狠越要读，看看别人对他失败的'诊断'，各种说法都看。我还专门组织了'内部批斗会'，让身边的人一起讨论，把意见和想法都提出来。看看问题究竟出在哪里？"

对于动员员工开企业领导批斗大会的方式，史玉柱似乎特别情有独钟。他在2007年点评《赢在中国》选手时曾说道："我觉得你确实也在发展，也很有前途，但总觉得你发展得还不够快。你内部肯定有某一个因素在阻碍着你迅速发展壮大。所以，我给你提一个建议，回去跟你的骨干员工开一个会，开一个关于你自己的批斗会，让大家畅所欲言。在批斗过程中，你会找到阻碍企业发展的障碍，然后把这个障碍解决，我相信你未来发展会非常好、非常快。"

在史玉柱当时最痛苦的时候，他几天几夜地思索。他曾经把全国分公司的经理召集到黄山脚下一个招待所里面，专门开针对他自己的闭门批判会，让身边的人一起向他开火。史玉柱还要求泰山产业研究院的朋友们对他进行批判。

史玉柱回忆说道："1996 年，在泰山举行的活动，主题是谈珠海巨人集团的企业经营。当时珠海巨人集团开始走下坡路，但外界还不知道，是我主动提出来，让大家讨论这个案例。

"当时，大家说得很尖锐，说我违背了很多规律。相当于朋友对我的批斗会。当时自己确实头脑发热。但会上没有探讨怎么施以援手的问题，因为这个组织不鼓励。而且，我自己也不想害人，救活珠海巨人集团的可能性太小了。"

在一次节目中，泰山产业研究院秘书长华贻芳提到珠海巨人集团出事之后，他曾写过一首打油诗交给史玉柱。这首打油诗的内容是："不顾血本，渴求虚荣；恶性膨胀，人财两空；大事不精，小事不细；如此寨主，岂能成功。"这首打油诗后来被史玉柱挂在办公室的墙上。柳传志对史玉柱敢于面对别人批评的态度表示了肯定，他说道："老华（华贻芳）给他写这么难听的东西，他拿来往墙上一贴，这就说明他要改，而且敢于在众人面前解剖。人家说他可怜也罢，怎么也罢，他愿意坐在这里听，他就是有这种要求。"

史玉柱称在落难期间，对他影响最大的就是柳传志和段永基："柳传志给了我很多管理上的经验，段永基给了我很多宏观理念上的启发。

"我记得柳传志跟我谈过两次。一次我们在安徽开会，跟我谈了很长时间，教我企业如果从头做的话，应该怎么做。他也帮我分析了过去存在的问题，他说文化上也存在很多问题。他剖析说联想过去文化上也存在很多问题，然后怎么去重建，要提一些实用的口号，不要搞空洞的，说'我们要做东方巨人'，这样的口号太虚。

"他总结了几点，后来我全部采纳了，一个是说到做到，一个企业要有这样一种氛围，从一把手到下面，承诺了一件事就一定要去做，哪怕不合理，错了，都要去做。"

史玉柱表示，现在公司的很多文化都受联想的影响。"在困难的时候，段永基给我打气。在稍微好转的时候，他叫我要清醒。一年多以前，我们情况开始有所好转，我到他办公室去，他说：你注意，你又要犯错误了。

"所以，下面的员工就很奇怪，每到形势好的时候，我检讨得最多，不好的时候，反而说一些鼓励他们的东西。"

在各种猛药的"外敷内服"下，史玉柱终于输了个坦然，输了个明白。这个背着2.5亿元巨债的"中国首负"，在1997年完成了一生中最重大的转变。这个转变进而成了他再度崛起，成就更大事业的"老本"。

有了一次失败经历，史玉柱的危机感更强了，不论企业发展形势有多好，他都会每天提醒自己也许明天就会破产。当初年少轻狂的史玉柱已经变得成熟稳健。

史玉柱说道："要善于在低谷的时候及时地做些总结，尤其是制定一套规章制度，因为当你复苏后，你制定的规章制度往往又不合理了。所以在最低谷的时候去制定规章制度是最合理的，像我们巨人网络现在用的上海健特这一套管理制度，实际都是我们在 1998 年年初制定的一套制度。现在实际上都没变，可能语句上变了，比以前厚了，但是指导思想没变。所以现在回过头来，我们觉得我们现在的管理还是挺好的。有很多问题，但总的来说，还是非常好的。"

史玉柱认为，企业运行到现在的规模，安全是第一位的，发展已不再是第一位的。史玉柱表示：

首先，我的产品能够持续稳定地发展，公司不会哪天突然就不行了。

其次，在财务状况上要安全，有足够的现金储备。战术上的储备包括现金、国库券，战略上的储备包括我们买的华夏银行、民生银行的法人股，赢利能力和套现能力都很强。

在人才方面，公司的核心干部要能稳得住，不能让他流失，有流失的话也可能不安全。

我在财务上比较保守，举债控制在 10% 以内是绿灯；20% 是黄灯；30% 是红灯，绝对不能碰的。我们现在就差不多是 15% 左右。

2007 年 4 月，史玉柱作为节目评委走进《赢在中国》，他在点评一位选手时说道："你在商场上摸爬滚打了这么多年，肯定有很多成功经验，也有很多失败教训。你要好好总结一下，尤其是对失败的教训。下半夜夜深人静的时候你要仔细想一想，你得到的收获比你看书会更有用。根据你谈话，我感觉你对过去的经验教训总结得不够深刻，可那些正是你的宝贵财富，你不去用非常可惜。"

太顺之后的必败结局

跌倒过一次之后的史玉柱，在再次成功之后，一直没有特别的喜悦。他说道："我相信福祸相依的老话。不过从前还是太顺，我很感激这一跤。上次我和刘永行（东方希望集团董事长）谈，他实际上也不断地在摔跤。不过他属于感冒，一个一个的感冒让他免疫力增强，身体强壮了。虽然增长不是很快，但是时间一长总量就很大了。我是从创业那天到我摔跤那天中间就没感冒过，结果一摔跤就是很大一跤。不过摔跤这一课是肯定要补的，否则还是不能长大。不管政治、军事还是经济，一帆风顺是不可能的，李嘉诚创业时还有几次想要跳楼呢，共产党没有五次反围剿的失败，也总结不出十大军事原则。"

史玉柱曾这样描述他下海经商的历程："1986 年我开始读深圳大学软科学管理系研究生，那时深圳的市场经济味道已经很足了，鼓吹市场经济的书也很多。第二年我就有了目标，想下海。最后半年，我明确了我要做软件。我的规划是毕业半年后先开发一个软件，注册不了公司的话就承包别人一个部门。还给自己定下了目标，第一年先创造 5 万元利润，第二年争取创造 10 万元利润，第三年 30 万元利润，第四年 100 万元利润。"

实际上下海的第一个月就赚了三四万元，第三个月就赚了 100

万元。"穷学生从来没见过那么多钱嘛。赚到 100 万元的时候，合作的 4 个人有了分歧，2 个人离开了，带走了一部分钱，剩下的我又全部投下去，继续走。好在那个时候产品卖得好。"

1989 年，史玉柱研究生毕业后"下海"，在深圳研究开发 M-6401 桌面中文电脑软件，获得成功。史玉柱将他的软件拿去压缩成一种卡，可以装进电脑主机里。"汉卡"这个名字由此而来。

1991 年，史玉柱通过其天才般的营销能力，使 M-6401 的升级版 M-6403 汉卡的销售额一跃成为全国同类产品之首，获纯利 1000 多万元。随后，巨人公司又开发出中文手写电脑、巨人传真卡、中文笔记本电脑、巨人财务软件、巨人防病毒软件、巨人中文电子收款机等产品。

1992 年，巨人集团的 M-6403 汉卡卖出了 2.8 万套，实现利润 3500 万元，并成为一家资本超过 1 亿元、下设 8 个分公司的引人瞩目的高科技集团公司。

也就在这一年，巨人集团成为中国电脑行业的领头羊，史玉柱也成为中国新一轮改革开放的典范人物和现代商界最有前途的知识分子代表。史玉柱先后被评为"中国十大改革风云人物"、"广东省十大优秀科技企业家"，并获得了珠海市第二届科技进步特殊贡献奖。史玉柱的事业至此达到了巅峰，此时他刚刚 30 岁。这时的史玉柱自信心开始迅速膨胀，他认为自己没有做不成的事情。这一年，在事业之巅傲然临风的史玉柱决定建造巨人大厦。

史玉柱表示："这也是那个时候典型的社会心理。那时，改革开放让人们压抑了多年的潜力和激情得以挥发，让中国的企业以超常规的速度发展。这更容易让企业家们在所谓的潜力与激情面前迷失自己。"

事实上，在 1993 年，巨人集团虽然已经成为国内仅次于四通集团的第二个高科技企业，但是，这一年也是中国电脑行业开始遭受"外敌入侵"重创的一年。这一年，伴随着西方 10 国组成的巴黎统筹委员会的解散，西方国家向中国出口计算机的禁令也随之失效。COMPAQ、HP、IBM 等全球知名电脑公司开始进入中国市场，国内电脑业因此步入低谷，这使得史玉柱赖以发家的巨人汉卡也受到重创。原巨人集团副总裁王建在《谁为晚餐买单》一书中写道："几乎是半年时间，中国人桌面上的排版文件，巨人汉卡和 WPS 等产品的领地，不可思议地成为微软 Windows 垄断式的市场份额。"

对史玉柱而言，要想让巨人集团继续生存下去，唯有转型才有出路。那时的史玉柱还保持着对市场的高度敏感。他意识到当时全国的保健品市场潜力很大，于是手中资金充裕的史玉柱提出了"二次创业"的构想，决定斥资 5 亿元进军保健品市场，走多元化发展的道路。受毛泽东影响很深的史玉柱在 1994 年确立三大主导产业时，他自称要打"三大战役"，即电脑、药品、保健品。这"三大战役"在 1995 年年初创造了奇迹，如 1994 年年底开始的"脑黄金战役"，在 1995 年 1 ～ 3 月间，脑黄金的回款额居然达到了 1.9 亿元。

那个时期的史玉柱，和那个时代倒下的许多高歌猛进的企业领导者一样，在自己描绘的美景里欲罢不能。1995 年，史玉柱被列为《福布斯》中国大陆富豪排行榜第 8 位，是当年唯一靠高科技起家的富豪。过度膨胀的自信心使他在做企业战略时，完全凭自己的感觉和运气。

从电脑、保健品到药品，史玉柱疯狂地投入了大部分的流动资金，而对房地产投资毫无概念的史玉柱一时昏了头，准备去建造一座 72

层高的巨人大厦。巨人大厦在设计之初只有 18 层，在不断被加码到 72 层后，史玉柱并没有因此满足，他要求地基要按照 88 层来打。按照这种做法，仅预算就需要 12 亿元。而当时，史玉柱手头能动用的资金只有 2 亿元。

柳传志这样形容当时的史玉柱："他意气风发，向我们请教，无非是表示一种谦虚的态度，所以没有必要和他多讲。而且他还很浮躁，我觉得他迟早会出大娄子。""史玉柱在他很强盛的时候，就是盖巨人大厦的时候，募集了很多钱，没盖到他的预定顶数，也没垮的时候，他很得意的时候，那个时候我们就认识，而且在一个俱乐部里是朋友，那时候我对他是不满意的。当时他说话的口气非常之大，而在当时我就看出这里边有很大的问题。那时候我基本上不怎么太理他或者不怎么太跟他说话。我当时主要是觉得呢，史玉柱真的要是向自己的这个目标去做的话，他有很多方面的问题都没有考虑清楚。"

柳传志表示出了对史玉柱的厌恶。他指责史玉柱说话、做事极不负责。其理由之一便是巨人电脑、巨人汉卡在 1991 年和 1992 年威风一时，但其广告费比他的营业额都高，更遑论利润。"接着就转到珠海，开始建巨人大厦，这个巨人大厦的广告做到什么程度？香港的各大报纸，头版有一排头像，有马克思的，叫思想巨人，拿破仑叫军事巨人，孙中山是政治巨人，等等，最后经济巨人没说是谁，变成了巨人大厦，巨人大厦居然承诺 3 年之内不能回本的话，不能拿到 180% 以上的回报的话，我就赔你多少钱，这在报纸上全部都公开登出来。当巨人大厦楼还没盖出底来，就不行了，就改去做脑白金……巨人果然出了问题，当初巨人大厦募集款项时，有不少的香港人，还有当地的老百姓、工厂的女工等，都把自己一两年的积蓄拿了出来，现在这些人当然不答应了，报纸上也不断地报道这件事，虽然他还没有受到法律上的处分，但也很惊心动魄了。"

1997年下半年，史玉柱在四处奔波之后并没能堵上巨人大厦的资金黑洞，终于一赌成恨，血本无归。很多明眼人都看得出来巨人大厦的必败结局，而当时作为局中人的史玉柱却依然努力地想办法去填补资金的黑洞，他并没有感觉到压力的存在，反而是只顾一心一意解决问题。

当最终确定巨人大厦已彻底无望挽救的时候，史玉柱反而松了一口气，感觉到前所未有的轻松。

此后的两年多时间里，史玉柱都处在人们的视野关注之外。当然，具有强大心理承受能力的史玉柱并没有随"巨人"一起倒下。

2001年3月31日，史玉柱第二次进入中央电视台《对话》节目。柳传志在这期《对话》节目上表示："我以前一直说不喜欢史玉柱，1993年、1994年在泰山会上的时候，我基本不怎么跟史玉柱打招呼，原因就是我感觉到他后来要出大娄子，而且我觉得他浮躁。他主要就是对企业的发展和目标追求以及他的能力本身，没有想清楚，管理的基础不扎实。所以在当时是这么看，后来他的情况逐渐在变化，特别是以后东山再起，他要求剖析自己的时候，我的感觉确实就像华贻芳说的开始有转变。那是到1996年那次会议，所以那时候他要求提意见，我就开始跟他讲些东西。过去我觉得讲了，他也未必听。我觉得是年轻人表示一种谦虚，来问你一下，我何必跟他说呢？所以我就没说什么。"

管理上的突出问题

史玉柱曾回忆说，珠海巨人时期在管理上有以下突出的问题：一是责、权、利不配套；二是货款管理混乱；三是抓管理面面俱到。

责、权、利要配套

关于责、权、利配套的问题，史玉柱曾总结道："以前，我在大会小会上也经常讲这个，但实际上并没有做到，最终还是停留在口号上。比如我们的分公司经理，开始权力很大，后来被缩得很小，要请客都得发个传真到总部批准，但同时责任却很大，要做市场，要完成多少销售额。责、权、利不协调，不配套，最终导致了管理失控。"

史玉柱表示，过去要求分公司经理请别人吃饭，超过 500 块钱就要报到总部批。这看起来是好的，不让他们在外头乱花钱。但你想，从外地汇总到总部批下来最快的速度也要几个小时吧。更坏的是，不管批了还是没批，都是不对的，因为你不了解情况。决策权应该给最了解情况的人。

史玉柱做了脑白金之后，"我想反正天高皇帝远，全分布在全国各地，我也管不了，管不了我干脆就不管。干脆把这些权力我全部下放给你分公司去，你想请谁吃饭就请谁吃饭，我在总量上控制你，就是你所有的费用我直接跟你的业绩挂钩，跟你的销售挂钩，跟你的奖金也挂钩。而且我明确这些产生的费用你确实有支配权。这样一放开之后，大家反而节约了，他也知道你总部也不收回这些钱，反正支配是在各个分支机构支配，所以，他反而比以前更节约，而且效率也高了，他当时就可以拍板。"

在具体的业务管理模式上，史玉柱遵循的是目标式的管理态度，只认目标，不认人，只看功劳不看苦劳。与此同时，对所安排的手下配合极大的权力运作，人权、财权全部下放，实行充分放权式的管理。"过去，我曾经犯过错误。给手下定一个很高的目标，但是并没有给予相应的权力支持，结果是大家都累，事情又做不好。"

货款管理要清晰

在 1996 年珠海巨人集团走向溃败的前夜，公司一片混乱，欺上瞒下成风，"都说自己做了多少多少事，结果全是虚报，我被骗得太惨。"珠海巨人集团公司内各种违规违纪、挪用贪污事件层出不穷。当年，史玉柱的脑白金销售额为 5.6 亿元，但烂账却有 3 亿多元。资金在各个环节被无情地吞噬，也是资金链断裂的导火索。

由于一些企业的信用不好和管理混乱，烂账率比较高。当（珠海）巨人（集团）危机的时候，一度只差 2000 万元资金周转就能渡过一关，可当时未收货款竟高达 3 个亿。

回顾以前失败的历史，史玉柱总结道："一个搞实业的企业要过三关……一是产品关；二是营销策划关；第三关就是管理关。产品关是能不能做，策划关是能不能获取利润，管理关是利润能不能回到企业来，或者说回来多少。"

"管理关"也就是史玉柱所说的货款管理。为了加强货款管理，史玉柱在渠道建设方面、经销商的选择方面、财务收支方面进行了把握。

在渠道建设方面，史玉柱吸取了当年脑黄金管理上的失误，在小型城市选一家经销商，所有办事处要把与经销商有关的合同以及资料传回子公司审批，合同原件一定要寄回总部，不允许个人以任何名义与经销商签订合同，否则视为欺诈行为。

对于经销商的选择，史玉柱也做了调整，选择当地有固定销售网络并与有实力、影响力的经销商合作，要求经销商款到发货。

在财务收支方面，史玉柱吸取了当年脑白金的教训，以没有实际财务权力的办事处取代了分公司，在货款回流过程中减少了分公司环节，直接由经销商打款给总部，各地子公司不能直接收货款。不仅加快了现金流转速度，而且确保每一次销售成果和利润都实实在在把握在自己手中，从根本上杜绝了分公司人员携款潜逃和呆账、坏账的可能。

在费用支出方面，地方办事处的费用按照销售提成的方式提供，增加了办事处的积极性和销售任务的高效实现，而广告费用方面，则直接由总部向媒体支付，避免资金流失，保证传播费用的真正成本效益。无论对各地分公司经理多么信任，史玉柱也坚决不让他们碰货款，货款是经销商与总部之间的事情，"至高无上"，绝不许分公司染指。

史玉柱强调："我们规定自己的队伍绝对不能碰货款，人都是有欲望的，必须有制度上的保证。与经销商的关系，我们纯粹是一种法律契约关系。既保证了企业运作的安全，又使得运作起来相对简单。"

在保健品行业，坏账10%可以算是优秀企业，20%也属正常，但在这种模式下，脑白金 10 年来销售额 100 多亿元，但坏账金额仍然是 0。

管理抓重点

史玉柱表示，原来珠海巨人时期是粗放式管理，是看似管得挺细的那种粗放。"过去光搞管理就有几百人，看起来管理工作做得很细，但没有可操作性。"

史玉柱总结道："当时的管理没有重点，珠海巨人集团过去的规章制度很全，从营销、策划、质量管理到统计报表怎么做，无一遗漏，加起来能有一尺厚。面面俱到的管理，理论上可以，实际上根本做不到，不过这一点我当时没有意识到，最终导致珠海巨人集团的管理流于形式。"

2002 年 4 月，史玉柱说，上海健特全公司只有 11 个人在搞管理，并表示这也是吸取了以前的教训。只有 11 个人，却要管理大半个中国的脑白金销售，这看似不可能的事情，却是事实。能够做到这一点是当时脑白金的市场在快速膨胀，每个月销售额都在上涨，士气很高。但最重要的还是脑白金独特的管理方法。脑白金采用的是区域市场分封制度，在这种制度下，总部除了考核销量、考核价格、终端等，对于办事处的人事、财务等管理基本上全部不加干涉。

这样总部的职能就变得非常简单，它不是一个管理中心，而只是一个单纯的结算中心和策划中心。因为脑白金把大部分的管理职能都"打包"给了省级经理，总部有限的人手，只需要做好结算和策划，所以 11 个人也能顶起半个中国的市场。"过去的规章制度有一尺多厚，而现在的规章制度不会超过 10 页纸吧。但是就是这个东西实用，就是在低谷时期制定的这个实用。"

资金结构上的失误

珠海巨人时期的史玉柱以零负债为荣，他以不求银行为荣，在珠海巨人集团最辉煌的 1994 年下半年和 1995 年上半年，珠海巨人集团的营销回款每个月在 3000 万 ~ 5000 万元，最高达 7000 万元，以这么高额的营业额和流动额，他完全可以申请贷款，用它来盖巨人大厦，但他却一味指望保健品的利润积累来盖耗资数亿的巨人大厦，这是他的致命错误。史玉柱在复出之后曾讲述了当时珠海巨人时期在资金结构方面的失误。

史玉柱说："一方面是资金的流动性太差。过去珠海巨人集团的资金要么是办公楼、巨人大厦，要么就是债权。这样，一旦出现问题，抗风险能力特别弱。这启示我们，除了主营业务之外，还要持有一些债券、上市公司股权等，这样变现能力特别强。

"另一方面是应收款或者说债权过大。珠海巨人集团没有休克时，这部分是资产，一旦出现意外，这部分就变成零了。"

资金的流动性太差

当初斥资 2.5 亿元在珠海要修建 72 层的巨人大厦，不成功的资金链最终将史玉柱拖入了一个困境。1996 年，珠海巨人集团的资金告急，1997 年初巨人大厦未按期完工，购楼花者要求退款。事情发生后，史玉柱曾这样告诉媒体："企业没有现金，像人没有血液一样，没法生存。"

当时珠海巨人集团还有 1 万平方米的办公楼，还有一个未完工的巨人大厦，这些是当初珠海巨人的全部资本。因为这些资本都是固定资产，变现能力低，所以导致珠海巨人集团的抗风险能力差。如今，有了教训之后，史玉柱认为，对于企业最致命的东西就是现金流。

毛主席说过，枪杆子里面出政权。对一个企业来说，枪杆子是什么？就是现金。

现在的史玉柱做投资有一个原则，那就是变现很重要。"但如果一个产业我有长期持有的打算，一般不轻易考虑变现，比如网络游戏。其他的投资则属财务投资性质，人员不牵涉进去，随时变现。比如我在香港购买中海集运的流通股，参股华夏银行、中国民生银行都可归在财务投资范畴，即时变现，即使亏了回收的还是现金。

"前两年，脑白金的现金回流非常可观，账面现金余额非常充沛，现金趴在财务那里，我经常失眠，睡不着觉。生怕哪天头脑发热，投了不该投的行业，再次酿成终生遗憾。所以我在寻找'风险不大、变现能力强'的行业，从而平掉账面现金。账面有个基本的现金流量足够了，不必趴着 10 多个亿。基于以上认识，我投资了银行，回报相当不错，3 年翻了一番，关键是没有太大风险。有机会的话，我一定增持在华夏银行、中国民生银行的股份。

"我们自己不叫'资金蓄水池'。第一储备的是现金，也不能太多，否则就浪费了；第二是投能够保值的国债；第三投的是回报较高、变现容易、相对安全的行业。这三条路都是公司的'资金的战略储备'，一旦出现重大问题，可以随时拆借。"

应收款或者说债权过大

债权过大也是珠海巨人集团很大的弱点，据史玉柱介绍，当时如果有 2000 万元人民币，珠海巨人集团就可以渡过难关，而同时珠海巨人集团在外的债权却有 3 个亿之多。事实上，珠海巨人集团从本意上讲是没有举债的。珠海巨人集团的债务由两块组成，一块是楼花款。

史玉柱回忆道："1997 年 1 月，我先说负债：香港 1 亿楼花，国内 5000 万的楼花，这是 1.5 亿元。然后是经营中的负债，有几种：一种是当时生产保健品的原料供应商，其中一种是我们拖欠人家的，还有是进二结一的，就是把下笔原料给我，把上笔原料结清，当时行规，一般都是这么做的。这样累积起来——因为还有些其他的，包括电脑，这一块有 1 亿元左右。这样负债一共是 2.5 亿元。我的资产是这样的：巨人大厦，审计结果是 1.7 亿元，当然什么都在里面了。土地的钱，我们是交清的；设计费，1000 多万港币；剩下还有工程费。还有一块资产，我们有 1 万平方米的办公楼，是自己的产权，这一块连买带装修，花了 5000 多万元。这已经是 2.2 亿元了。"

珠海巨人集团的另一块债务是由加工费欠债而形成的。史玉柱以前的部下王育在其著作《谁为晚餐买单》中这样写道："巨人搞委托加工，从包装物到瓶到盖到药液到灌装各自寻找专业厂进行，他们先签合同打订金，提货时付尾款。巨人脑白金销售一炮走红，生产供不应求，这些生产单一大起来，各厂家都跑来抢订单，有人愿降低价格，有人愿不预收订金，有人愿压款提货。市场的竞争本身是可以让人学聪明的，巨人的产品从此一直用'压款提货、提后结前'的商业规则进行，巨人很守信用，在一年多的时间里共有6亿～7亿元的委托加工产值。""当这些产品生产出来运输出去后，最可怕的事情发生了，这批产品没如期卖出去，没如期形成销售回款，没有办法一下子偿付加工费，这一个环节出了问题，良性循环骤然变成恶性循环，财务往来上的'应收款'就变成了债务。"珠海巨人集团就这样又被动负上了一大笔债，这部分债是欠小业主和小厂商的。

而事实上，珠海巨人集团还有3亿多元的应收款。"一般运作，我跟原料供应商是进二结一，我跟代理商也是进二结一。正常情况下，这个问题暴露不出来。3亿元应收款里面有一个亿是进二结一，一直信誉很好的，不会出问题；另外两亿元跟管理相关，讨起来是有难度的，不能全部讨回来。但力度大一点，打打官司，就能多回来一点。"

史玉柱表示："这样一算，我的资产从账面上看并不是太差的。然而媒体一说珠海巨人集团破产后，情况就变化了，你欠别人的，一点都赖不掉了，人家都追上来了；别人欠你的，他以为珠海巨人集团破产了，不给你了，至少他跟你拖，而这个债务只要拖满两年，法律上你就不能追了。所以应收款这块就掉了。"

在做脑白金的时候，史玉柱完全吸取了以前3亿元应收烂账的教训。史玉柱可以倾尽所有猛砸广告，但是不再采取代销的方式，绝不赊账。他坚持"款到提货"的经营原则，保持了公司无一分钱应收款的良好记录。

史玉柱刚开始做脑白金的时候是先猛砸一个月广告和报道，受广告影响的消费者就会去商店问有没有脑白金。问得多了，商店就会问经销商有没有脑白金，"经销商就会找我们"。此时，史玉柱坚决要求让手下坚持"款到提货"。

直到今天，脑白金、黄金搭档都坚持了这个规矩。史玉柱坚持现款提货的条件当时的确是开了保健品行业的先例。网络营销同样也是采取这种方式。

征途网络遍布全国各地的办事处，在各地市级城市找代理商，然后这些代理商直接向征途总部购买点卡，对这些代理商采取的销售模式是先给钱再给点卡。

征途在各地的办事处只负责地面推广，并不跟这些代理商之间产生现金交易，这样就最大程度上将资金流扁平化了，有利于总部对现金的直接管理。

宏伟目标不符合现实

管理学之父彼得·德鲁克对目标的作用有过这么一句经典的话："目标不是命运，是方向；不是命令，是责任；不能决定未来，是动员企业的资源和能量以取得未来成功的手段。"如何制定目标又是一门很深的学问。

德鲁克认为："目前快速成长的公司，就是未来问题成堆的公司，很少有例外，合理的成长目标应该是一个经济成就目标，而不只是一个体积目标。"他说，如果企业每年都以10%的速度增长，很快就会耗尽整个世界的资源，而且长时期保持高速增长也绝不是一种健康的现象。它使得企业极为脆弱，与予以适当管理的企业相比，它（快速成长的公司）有着紧张、脆弱以及隐藏的问题，以致一有风吹草动，就会酿成重大危机。

1991 年 4 月，史玉柱带着汉卡软件和 100 多名员工来到珠海，注册成立珠海巨人新技术公司（珠海巨人集团的前身）。史玉柱这样解释产品名字的由来："IBM 是公认的蓝色巨人，我用'巨人'命名公司，就是要成为中国的 IBM，成为东方的巨人！"

从长远的理想精神来看，他确立这样的目标也未尝不可。但是，当长远的、理想的组织目标转化为具体的、短期的工作目标和工作计划时，史玉柱又是怎样做的呢？

1992 年，史玉柱提出珠海巨人集团的发展目标是在两年到三年内超过当时的 IT 明星企业四通集团，成为中国最大计算机企业，20 世纪成为自有资产超百亿元的跨国集团。1993 年，史玉柱对目标做了进一步的修改："我们的目标是：明年年底成为中国最大的计算机企业。"

"百亿计划"，史玉柱当时计划从 1994 年起开始实施，到 2000 年使珠海巨人集团的资产超过 100 亿。1995 年史玉柱正式实施"百亿计划"，虽然开始的时间比原计划晚了一年，但实现目标的时间却又被提前了 3 年，即要在 1995 ～ 1997 年 3 年内实现，一年一大步，所以"百亿计划"又被称为"三级火箭"。

史玉柱回忆道："珠海巨人集团从 1994 年 8 月进入二次创业，从 10 月份开始增长速度加快，实际运作的效益开始增加，人员 1000 多人，产品从单一电脑走向多元化，现在保健品已经超过电脑。保健品从零开始，声势非常大，效益显著，我们用两个月的时间成就了别人一年才能完成的工作，为百亿计划奠定了基础，二次创业取得了成效，珠海巨人集团准备实现第二次腾飞。

"我们做的是一件别人没有做过的事，不能按常规思路运作，要超常规，保健品的市场份额比较低，增长空间极大。"

1995 年，史玉柱一次性推出医药、保健品、电脑三大系列的上百个产品，迅速扩大规模。由于三大系列涉及三个领域，史玉柱喜欢模拟战争，所以在具体的操作层面上，"百亿计划"又被称为"三大战役"。

事实上，"三大战役"从开始实施就变成了一句口号，这是一个很虚的概念。反思过去他曾说道："我以前确实有雄心壮志，但那些雄心壮志确实不符合现实。""1997 年以前，我对自己任何一个时间都定了一个目标，一个很宏伟的收入目标，定了一个大目标，然后把它分裂成一个个小目标去做。1997 年之后，我没有给自己定很高的目标。我现在的目标不像过去是量化的，比如我以前定了'百亿计划'。"

史玉柱反省道，珠海巨人集团以前的企业文化非常不对，10 年前总提很多口号，比如"我要做中国第一大"等等，本来是想激励员工，事实上最后把自己也给骗了，自己都以为自己就是老大了。史玉柱后来发现定很高的目标是很可怕的，必然会违背经济规律，会让自己浮躁，让企业盲目跃进。"回过头想想，珠海巨人集团那几年确实乱得很。现在就没有那么大的口号了，目标就是把能够影响结果的每件事情做到最扎实、最透，把最下面的事情做到最好，公司不定定量的指标，把工作做到最好就行了，从过去这两个公司的成功来看，这样的方法的确是最有效的，往往结果最好。"

现在的史玉柱再也不像以前那样动辄给自己一个量化的目标，甚至把目标分解到每月每周每天。他现在的做法就是：定性而不定量。"企业发展能够做多大就多大，听天由命，不必强求。"

被誉为"全球第一CEO"的杰克·韦尔奇曾说过:"第一名或第二名这样的问题是关于成熟企业的另一种探讨的方式,对于新公司来说,成为第一或者第二有时候是荒谬的想法。"

2007年,史玉柱在《赢在中国》节目中,当他看到一位和他以前一样喊口号的选手时,他连忙说道:"跟10年前比我觉得变化很大。以前经常有很多的口号,要做多大,世界500强,那时候有很多激动人心的东西,现在都没有,现在都很平淡,不追求发展速度,不追求赚多少钱,这方面看得很淡,这可能是我改变最大的。"

史玉柱建议他:"第一点你不要提成为中国第一这个口号,提这样一个口号实际上对一个刚起步的企业来说,某种程度上不是好事。我过去也提过这个口号,当时我说我要做中国的IBM、中国的第一,但最后我摔得很惨。现在,回过头来看,那个东西是虚的。你一旦提了这个口号,就会有一些不切实际,原本也不应该有的压力。我害就害在很虚的口号上面,我给自己莫名其妙地背了沉重的包袱。对你来说,把眼前该做的事做好,比如科研、生产、销售等方面做好,做得比别人强,到时中国第一自然是你的,跑也跑不掉。即使你哪天第一了,也要让别人去说,自己心里也坚决不能把自己真当第一。"

一个人的决策,缺乏制约

韦尔奇曾说:"GE以前是一个官僚主义的机构,老板下令,然后这个命令一级一级往下传递。后来我们引进了一种系统,我们开今天这样的会,但是大部分是听众在讲,然后你们来告诉我们怎么样把事情做得更好，我们把这个叫作群策群力。如果一个公司只有一个人在动脑子，剩下的 99 个人只是根据他发出的指令来行事；另一个公司是 99 个人都在动脑子，哪个更好呢？如果说大家都在找一种最佳的方式贡献他的智慧，然后在这个基础上 CEO 能够用他的判断力来挑一个最好的。""群策群力"这种决策的方法如今为企业界所热捧。

柳传志曾说过："要对一把手有制约，这是我刻意做的，而且我觉得很重要。""我是不是权威，在哪些方面是，哪些方面不是，外边不是很了解。其实从业务上，很多事我根本做不了主。我们有制度，比如公司对外捐赠，我只有 10 万元的审批权，10 万元以上必须要经过讨论。外面人都说，老柳你说的话不算，其实，我可以把审批权定到 100 万元，但我没有。"

在特定的历史阶段，如果企业家本人有足够的经营管理能力，能够确保企业决策正确，则在人、财、物、事方面的专制会令组织的执行相对高效、到位，企业的发展会更快速。但是，集权管理一定会带来更多的副作用——"一言堂"，经营决策的风险加大。

导致珠海巨人集团失败的重要因素之一就是权力高度集中，史玉柱一人说了算。在初创业时期，权力集中是件好事。然而在 1992 年后，珠海巨人集团规模越来越大，当企业领导人的个人综合素质还不全面时，如果缺乏集团决策的机制，特别是干预一个人的错误决策乏力，那么企业的运行就相当危险。

史玉柱总结道："企业小的时候，就是一个人决策。企业中等规模的时候，它就要靠一个小的集体来决策。企业再大了，就按上市公司的规则来做。最终一个企业真要做大，它必须要把这个公司社会化了，就是上市了，让社会成千上万的人持有它的股份。"

珠海巨人集团时期也设置董事会，但那只不过是徒有虚名，史玉柱个人的股份占到90%，几乎一个人架空了全部股份。因此，虽然珠海巨人集团的决策机构是集团办公室，实际上在决策上还是史玉柱一个人说了算，根本不存在一套完整的决策约束机制。

史玉柱反省道："珠海巨人集团设立了董事会，但那是空的。决策由总裁办公会议做出。决策方式是民主集中制，大家先畅所欲言，然后我拍板。这个总裁办公会议可以影响我的决策，但左右不了我的决策。基本上，我拍板定的事，就这么定了。"

表现在史玉柱的决策上的随意独断莫过于巨人大厦的建设。"从64层加高到72层，是我一个人一夜之间做出的决定，我只打了个电话给香港的设计所，问加高会不会对大厦基础有影响，对方说影响不大，我就拍板了。"

当企业的决策人兼具所有权和经营权，而其他人很难干预其决策，危险很大。1997年11月，史玉柱曾对一名下属抱怨道："那时候企业要是不搞多元化，别人还要问你：你到底会不会做企业，现在不一样，一说都是多元化的陷阱，反面例子都少不了（珠海）巨人（集团）。三大战役是一个错误，轻易出台实施，那时你们也没有一个真正有异议，我听不到反对的声音啊。"

事后，史玉柱分析了之所以听不到不同声音的根源，他说道："在珠海巨人集团股份中，我个人占90%以上，其他几位老总都没有股份。因此在决策时，他们很少坚持自己的意见。由于他们没有股份，所以他们也无法干预我的决策。现在想起来，制约我决策的机制是不存在的，这种高度集中的决策机制，尤其集中到一两个人身上，在创业初期充分体现了决策的高效率，但当珠海巨人集团规模越来越大，个人的综合素质还不全面时，缺乏一种集体决策的机制，特别是干预一个人的错误决策乏力，那么企业的运行就相当危险。"

珠海巨人集团危机的一个根源就是一个人决策，史玉柱一股独大。再创业时，上海健特是一个什么样的产权结构？2000年7月，史玉柱在接受媒体采访时说道："这个公司是几个人合作的。一人决策的教训是要吸取的。另外合作还有一个考虑，这次创业这么苦，股权是把骨干们绑在一起的一个很有效的手段。""我最终想做上市公司，想监督更多一点。一个人没有制约，是容易犯错误的。"

史玉柱认为，在决策系统上，如果企业上市了，将会聘请相当比例的独立董事，可能是经济学家，可能包括医药专家、金融专家等等，只有这样，企业才能尽量避免在专业问题上决策的失误。

企业高级竞争阶段的进入，是个人英雄主义消亡的开始，是协作时代的到来。今天，这位自诩为"著名的失败者"的成功者似乎已经洗心革面，他说："独裁专断是不会了，现在不管有什么不同想法，我都会充分尊重手下人的意见。"由此，他成立了7人投资委员会，任何一个项目，只要赞成票不过半数就一定放弃，否决率高达2/3。

史玉柱的保守做法虽然降低了自己的投资风险，但也曾让他失去过赚钱的绝好机会。比如新浪。吴征退出新浪时，要找接手的人，有人找到史玉柱问他要不要。虽然一美元一股的价格非常诱人，但是，史玉柱设立的7人投资委员会最终认为风险太大而没有买，这一决定让史玉柱与几十亿人民币失之交臂。虽然与唾手可得的几十亿人民币擦肩而过，但史玉柱并没有因此改变对7人委员会的看法。他始终认为在竞争激烈的商界，保持最基本的警惕是很有必要的。

在手机行业开始展现出其蓬勃的发展生机时，有人成功地说服了史玉柱，使他接受了收购国内某家手机企业的建议。但是这个决策最终没有被委员会的大多数成员接受。还有国内一家汽车公司希望转让其股份，他们也找到了史玉柱，劝说他来接手，史玉柱自己是动心，但是到了委员会那里，得到的依旧是拒绝接受的答案。后来史玉柱认为，正是这两次拒绝让他避开了两次翻船的危险，手机行业很快就开始走下坡路，而汽车行业需要的投资太大，并且竞争太激烈，也充满了变数。而这些投资项目一旦失败，史玉柱即使不会元气大伤，还是会损失一部分资金，投资市场的高风险，决定了史玉柱的"宁可错过一百个项目，也不错投一个"，这句话多少还是有一点道理。

民营企业的"13种死法"

史玉柱表示："民营企业，你要想活的话，你得低着头，夹着尾巴做人。都说下岗工人苦，我觉得我们比下岗工人更苦，下岗工人还能得到同情，我们得不到同情。所以我总结这几年创业，苦！"

从1989年就开始下海创业的史玉柱可以称得上是中国民营企业发展的一个活化石。经过这些年的发展，史玉柱对民企生存环境的一个总结是："险恶。"

史玉柱说："法律上条条框框那么多，动不动就撞上。不过我有两个原则：一是不在贷款上出问题。找银行贷款的话公司领导不出面，由财务人员自己公事公办，能贷就贷，不能贷不强求。实际上，我不太需要贷款，每年就旺季前需要一点，3个月就还了。但民营企业拿贷款还是不太容易。二是不准偷税漏税，合法避税可以，但要找最好的会计师事务所和税务局咨询。这样做可以保证不出大事。"

史玉柱认为，在中国做民营企业特别难，太难。"临来的时候在飞机上，我随便写下了民营企业的13种死法，随便一条就能把你搞死。"

据史玉柱讲，这"13种死法"只是他在2001年2月赴京参加"泰山会议"的飞机上简单列出的。

第一种死法：不正当竞争。

竞争对手在整你，你在明处他在暗处，诬告你，通过打官司破坏你的声誉。企业之间的不正当竞争，有时候可以把一个企业搞死。

第二种死法：碰到恶意的"消费者"。

一个无理的消费者也能把你搞死，比如刁民投毒。这些情况我们都遇到过，胆战心惊，如履薄冰。

第三种死法：媒体的围剿。

当年是媒体把我搞死了，搞休克了。如果媒体晚搞我们两三个月，我们就不会死。

第四种死法：媒体对产品的不客观报道。

如果媒体只报道10%是无效的产品，产品马上完蛋。在中国，说产品不好的时候，老百姓最容易相信。

第五种死法：主管部门把企业搞死。

产品做大了，哪怕有万分之一的不合格率，并被投诉到主管部门，就有可能被吊销整个产品的批文。

比如说工商局，每年是有罚款任务的，到年底任务完不成，就只能找做得好的企业完成任务，因为这些企业有现金。

第六种死法：法律制度上的弹性。

法律制度上的不合理，使你不得不违规操作。比如，民营企业做计算机，你必须要有批文，没有批文你就是走私，但民营企业是不给批文的，买批文你就是犯罪。在其他行业也有类似情况。

第七种死法：被骗。

有时候一个企业的资金被骗后会出现现金短缺，甚至整个企业会一蹶不振，而对民营企业来说，法律的保护很有限。

第八种死法："红眼病"的威胁。

红眼病太多，谣言太多，企业的谣言还好办，最怕的就是产品的谣言。

第九种死法：黑社会的敲诈。

第十种死法：得罪某手中有权力的官员，该官员可能利用手中的权力给企业发展制造障碍。

第十一种死法：得罪了某一恶势力也有可能把企业搞死，比如说他在产品中投毒。

第十二种死法：遭遇造假。

假冒伪劣也能搞死一个企业，前段时间我们在某个药品保健品造假基地查获了价值几千万元的假货。造假分子抓到之后，又被当地公安放了，出来之后又继续造假。现在只要一看见假货我们自己就去买，怕它危害消费者。

第十三种死法：企业家的自身安全问题。

除了这十三种死法之外，史玉柱说："这里面还不包括出于企业内部的原因，比如经营不善等。"恐怕这一条更为重要。

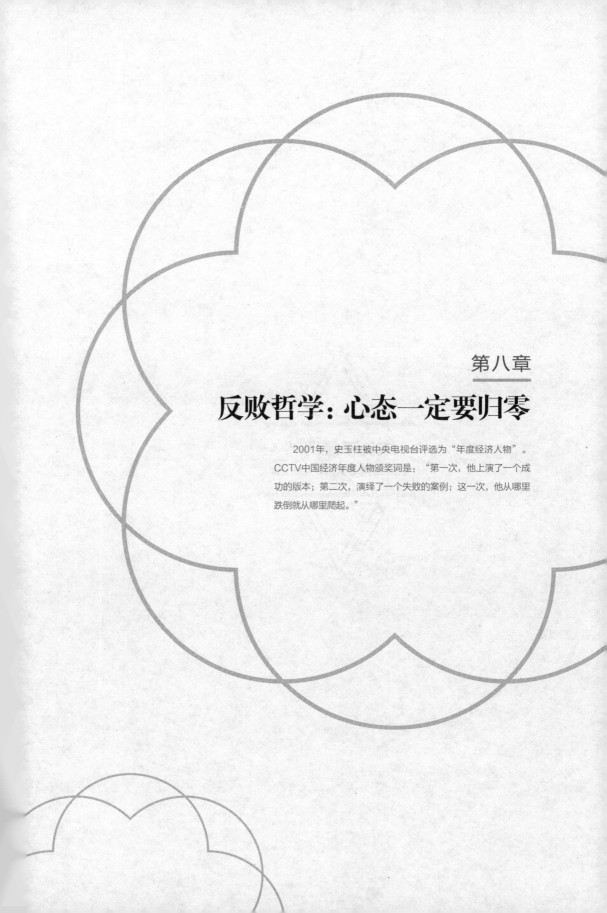

第八章

反败哲学：心态一定要归零

2001年，史玉柱被中央电视台评选为"年度经济人物"。CCTV中国经济年度人物颁奖词是："第一次，他上演了一个成功的版本；第二次，演绎了一个失败的案例；这一次，他从哪里跌倒就从哪里爬起。"

• 成功不是偶然 •

史玉柱给年轻人的 8 堂创业课

该放弃的时候要放弃

史玉柱认为，珠海巨人集团陷入困境是盲目发展多产业而导致的。在重整巨人的漫漫征途中，史玉柱学会了果断放弃。

史玉柱表示，要果断地放弃，因为现在陷入困境，很多都是多产业导致的，所以该放弃的时候要放弃。

史玉柱在低谷时期除了缺钱，什么都不缺。史玉柱手下20多人的管理团队，在最困难的时候也没有一个人离开，尽管他们几乎每个人都可以拉支队伍独创一个局面。史玉柱要"翻身"，手上还有两个项目可以做：一个是保健品脑白金；另外一个是他起家的软件项目。两个项目都不错，反复权衡之后，史玉柱最后选择了脑白金。为什么呢？

史玉柱表示："电脑行业变化太快。当我们去做保健品的时候，回过头再看电脑行业，这个电脑行业已经千差万别了。""那时候网络时代已经来了，我们以前电脑领域在发展的时候，我甚至都还不知道网络是怎么回事呢。那是很早的，那个领域发展太快了，回过头一看这个领域已经陌生了，很自然的我最熟悉的就是保健品行业。"

另一个放弃计算机行业的理由是史玉柱要还老百姓的钱，并且是越快越好。因而，选择保健品这个高额利润的行业，成为史玉柱的必然选择。

史玉柱说："软件虽然利润很高，但市场相对有限，如果要还清2亿元，估计要10年。而做脑白金则不同，当时保健品产业刚起步，加上可以细分成上百个行业，如补血与补钙，就是不同的行业，因而没有像样的竞争，也没有让人头疼的产品同质化和价格战。更重要的是，保健品市场大，利润也丰厚，在销售额中总成本占比不大，行业平均是30%出头，销售费用也只有20%，剩下的全是白花花的利润。做脑白金，要翻身最多5年。"

心态归零的魄力

史玉柱在33岁那一年，也就是1995年，被列为《福布斯》中国大陆富豪排行榜第8位，成为当时年轻人所崇拜的"中国的比尔·盖茨"。而这一年离他靠4000元创业起家仅有6年时间。这时的他是一个"著名的成功者"。

最辉煌的时候，史玉柱称自己光净资产就有2亿元人民币。

然而在1997年，史玉柱最失意之时，负债2.5亿元人民币，他笑称自己是"中国首穷"。从"著名的成功者"到"最著名的失败者"，史玉柱也只用了3年时间。"当巨人一步步成长壮大的时候，我最喜欢看的是有关成功者的书；在巨人跌倒之后，我看的全是有关失败者的书，希望能从中寻找到爬起来的力量。"

史玉柱说："作为我们曾经失败过，至少有过失败经历的人，应该经常从里面学点东西。人在成功的时候是学不到东西的，人在顺境的时候，在成功的时候，沉不下心来，总结的东西自然是很虚的。只有失败的时候，总结的教训才是深刻的，才是真的。"

可以说史玉柱在经历失败之后，愿意改变的心态，是他能再度崛起的重要原因之一。1997 年之前的史玉柱是"天下老子第一"，高呼口号要做"东方的 IBM"，横冲直撞，最后惨败。留下来的是 2.5 亿元的巨债，外加一栋荒草肆虐的烂尾楼和骂名。跌倒之后，史玉柱才禅宗顿悟。

珠海巨人集团轰然倒塌后，史玉柱在商场上就"消失"了。两年后，当"脑白金"一夜之间，在中国大江南北家喻户晓时，人们才明白，史玉柱并没有随着他的珠海巨人集团从此倒下，而是坚定、顽强、倔强地站了起来，开创了属于他的另一片新天地。

史玉柱强调，企业在低谷时第一个就是不灰心，不能因为低谷就灰心，如果灰心了可能希望就不大了。"实际上在低谷时你要真正地辩证地看，也就不会灰心，因为虽然低谷有其消极的一面，但它积极的一面就更多。"

史玉柱曾表示："如果再次大落的话，我依然相信自己还是要再次大起"，"我过去肯定是绝对乐观的，现在也是乐观的。"因为生活就是山地，无论你在哪个山头上，或者山谷中，都是暂时的。只要你有征服世界的决心，你就会在山头和山谷中行走，但敢肯定的是，现在的山头会比以前的山头高。

事业上，巨人大厦倒了，可以再建。但是，心理上，史玉柱是怎么从珠海巨人集团倒塌的阴影中走出来的？史玉柱的回答很简单："也就是心态归零嘛。""如果用正数来表示一个人获得的成功，用负数来表示他为获得成功所付出的辛劳，那么，到头来，你的人生正负是相当的，得失'归零'。如果一个人享有的福气可以用正数表示，潜伏的危祸用负数表示，福祸互倚，终究依然'归零'。"

史玉柱说得似乎轻松，实则并不轻松。一句简单的心态归零，道出了史玉柱从"巨人大厦"到"脑白金"的思想历程。从改革开放的风云人物，到无人问津、观看老人下棋的"闲人"，落差何其大？如果没有心态归零的魄力和乐观的心态，怎能承受。

在 2001 年的时候，当有人问史玉柱"你垮了还是没垮"，史玉柱的回答是：

没垮，肯定没垮。我是没垮，垮了就不敢坐这儿了，这个价值在于企业家的一个企业失败，并不代表企业家不行。所以（珠海）巨人（集团）可能是史玉柱一生办的其中一个企业，所以这个垮了，不能证明史玉柱不行。

2001 年，史玉柱被中央电视台评选为"年度经济人物"。CCTV中国经济年度人物颁奖词是："第一次，他上演了一个成功的版本；第二次，演绎了一个失败的案例；这一次，他从哪里跌倒就从哪里爬起。"

史玉柱总结道："我觉得我人生中最宝贵的财富就是那段永远也无法忘记的刻骨铭心的经历。"

聚焦是巨人再生的前提

放弃和聚焦又是一对孪生兄弟，聚焦是巨人再生的前提。

因为珠海巨人集团多元化运作导致失败的教训，使史玉柱意识到，在低谷时期要重新站起来，其中要做的一点就是聚焦。"我们自己说话叫聚焦、聚焦、再聚焦。就是你这时候只能做一个项目，而且这一个项目，从它的科研开发、销售、生产各个领域你还不能平均用力。在这里面，你还要重点去攻某一点，然后把你的人力、财力、物力都往你真正最有竞争力的那一点去聚焦。"

产品种类要少

史玉柱在 1995 年发起了"三大战役"。史玉柱的构想是：市场终端柜台将是琳琅满目的珠海巨人集团产品专柜，消费者有胃病可以选择巨人养胃，家里有厌食的儿童可以购买巨人吃饭香，同时可以给老人送巨人银杏……巨人系列产品涵盖各种年龄层次的消费者，目标是一个又一个的巨人产品消费家庭……在当时的史玉柱的理论上没有"失败"二字，"产品实行兵团作战，某一种品种不行，另一个产品会产生市场，此市场滞销，会在彼市场成长。"

史玉柱回忆说："珠海巨人时期我搞了个'三大战役'，搭建一个运营和营销的平台，全国的分公司都放在这个平台里面，全国统一做广告制作。产品线分 3 个大领域，保健品 30 多个产品、药品 10 多个、软件 10 个，全部在这个平台上进行销售。记得第一个星期广告费就花了 5000 万元，当时的 5000 万元比现在的 5 亿元还值钱。最后失败了，我违反了商业规则，做企业就应该聚焦、聚焦、再聚焦。现在我做企业，都是遵循这个'聚焦'的原则，第一做事要少，第二做的产品种类要越少越好。"

史玉柱认为，"哈药"和他们做保健品的方式比较接近，但路子也不太一样，哈药同一时期做很多产品，但珠海巨人集团则是一个时期只做一个产品。

经历了珠海巨人集团的失败，史玉柱在成功运作脑白金后，在很长时间内都没有推出第二个产品。2002 年 10 月，史玉柱就此表示："实际上脑白金在 1999 年就已经很成功，但是我们迟迟没有推第二个产品。按照行规，一般马上就推第二个产品，别人都说你这个行业的特殊性，产品生命周期比较短，你若不赶快推的话，你第二个产品就会怎么样，马上企业就有问题，但是我们就是迟迟不推，我们直到最近才推了第二个产品，叫黄金搭档，这个在安徽已经销售了，全国其他地方从这个星期才开始销售。"

同样，在网游方面，史玉柱也是在其网络游戏《征途》成功后 2 年，才开始放手《征途》，全身心投入《巨人》。谈到专注，史玉柱显得有些感慨："其实我很佩服陈天桥能同时掌控那么多产品，他是个天才，可是我经历了那么沉痛的多元化惨败，只能聚焦再聚焦了，这样的话失败的概率就会少，这是我的原则。"

做事要少

1995 年，史玉柱启动"三级火箭"，把 12 种保健品、10 种药品、十几款软件一起推向市场，投放广告 1 个亿。提出要在一个很短的时间里把企业迅速做大，超过首钢和宝钢。将触角伸进多个领域，结果只有失败。珠海巨人集团危机之后的近10年间，史玉柱只做了3件事：保健品、买入银行股票和做网游。

史玉柱如此说道："十一年来我做了3件事，我平均3年才做一件事，而且同一个时间我只做一件事。比起别人3个月做一件事，我更能聚焦，所以相对来说我的成功率会比别人高一些。我集中精力做一件事，失败之后我再接着做，就这么做，总能做成。"

事实上，早在2001年或者更早的时候，史玉柱就已经为如今的巨人投资集团做出这样的规划。"将来可能会关注2个行业，一个IT，一个金融，我肯定不会再投入人力、物力去做了，我要是涉足这2个行业，都是以投资者的身份。"

史玉柱表示，在选自己的业务方面有几个原则。第一主营业务要少。原则上主营业务，就是集中自己绝大部分人力、财力去做的事只选一个。当不具备开辟第二个战场的条件的时候，也不去开辟。

保健品、投资银行业、网络游戏，史玉柱是成功一件再做一件。史玉柱将保健品脑白金做成行业老大之后，就将脑白金的知识产权和营销网络卖给了四通控股公司。

在国内保健品同业的前5位中，基本都拥有10款以上的产品，唯独巨人投资集团下的上海健特只做一款产品：脑白金，这款产品成功5年之后，2002年上半年之后，史玉柱才做了第二款产品：黄金搭档。史玉柱说："这样做的结果是什么呢？现在脑白金和黄金搭档是国内3000个保健品产品中的第1名和第2名，销售额比行业第3名、第4名、第5名之和还多。"

"只投资上市和即将上市银行"的原则，使史玉柱投入几亿元后赚了100多亿元。而当史玉柱一涉足网络游戏，就彻底不碰保健品和投资了，他只专心做网游。

如今，史玉柱眼里只盯着两个东西，一个是互联网，一个是银行，史玉柱眼里只有它们俩了。

至于投资银行，巨人投资集团设有专门的投资银行的团队来做。不只是在业务上进行了专注，在选项上，史玉柱觉得段永平有一句话说得特别好：跳水运动员不是说动作越多越好，而是越少越好。关于巨人网络未来的发展方向，巨人网络总裁刘伟表示："公司的战略很清楚：聚焦行业、聚焦产品、聚焦研发、聚焦精品。"

坚持：困难时千万别转行

珠海巨人集团是靠做电脑中的汉卡起家的，在1993年前后电脑市场发生了很大的变化，史玉柱决定进军生物工程和房地产业，实行所谓多元化发展战略。

史玉柱后来说："我曾经在1995年请人做了一个企业发展的战略，但做得比较粗糙，对珠海巨人集团的产业结构并未详细论证。因此在进军房地产和生物工程时，并未想到与我的电脑产业是否相关，是否熟悉，从而形成一系列连锁而相关的企业……现在强烈意识到，企业必须有一个长期的发展战略，就像一个国家，否则四处出击，忽东忽西，把一盘棋全走乱。虽然'脑黄金'等产品在市场上赢得很大成功，但从电脑跳到保健品这个惊险的一跃，注定要失败的，只是个时间问题。一个企业在拓展新产业时，一般是做自己最熟悉的，我恰恰违反了这个原则。我们摸索两年后，付出了上亿的学费才明白这点。"

史玉柱认为，不仅在拓展新产业时要选择自己熟悉的项目，在企业重新起步时也要选择自己最熟悉的项目。"企业在低谷时重新起步一定要选自己最熟悉的、能使自己的特长发挥的项目来做，就是不要选那些自己不熟的，尤其在那个行业里面，你还没有交过学费的。你只有交了学费，你对这个行业才能有更进一步的认识，就是一定要选自己最熟悉的行业。

"我当时采用的方法是，选一个我自己最熟悉的行业，最熟悉最有把握的产品，然后再跟我的团队全力以赴，通过这件事把企业做好。当时我最熟悉的，我的团队最熟悉的，就是保健品，所以我们选了脑白金。"

珠海巨人集团危机爆发后，珠海巨人在美国的公司没有受到这一次危机的波及。1997 年 8 ~ 9 月，在美国开发的新产品进入了攻坚阶段，下半年研制成功。史玉柱有了一个可以用来翻身的新产品：脑白金。1998 年 1 月，史玉柱开始了他的"复出之战"，一切都在悄然的状态下进行。史玉柱的东山再起其实并没有另辟蹊径，而仅仅是在原地爬了起来。脑白金是延续他过去开发的一类产品。

史玉柱说："离开珠海的时候，新公司的思路包括产品来源都已经有了，但是没有钱。刚开始我替一个朋友的公司做营销策划，他给我一些钱，第一笔给了 10 万元，累计给了 50 万元。启动资金就是这么来的。

"刚开始我们做得很小，就做江苏一个县。两个月后打开了市场，有了一点利润，就做下一个地方，就是这样一点点滚出来的。"

脑白金的启动资金，是自汉卡 M-6401 以来最低的。50 万元的资金当然没办法实施珠海巨人时期的大手笔策划，也没有办法"遍地开花"。史玉柱选定了江苏江阴作为脑白金的"试验田"。经过滚动的市场开发之后，1999 年，史玉柱已开始面向全国市场，这时，他决定在上海扎根。这是因为上海的政策非常好，新办企业第一年所得税全免，投资环境也非常好。从珠海出来后，原计划在南京待一年，结果只过渡了半年就进入上海。

史玉柱从 OEM 贴牌生产脑白金，发展到收购无锡一家药厂自己做产品。1997 年，史玉柱开始筹划做脑白金的时候，就曾经到过无锡马山生物医药工业园区考察，寻找代工企业。1998 年，有了充分准备之后的史玉柱决定将脑白金正式推向市场。脑白金的生产仍然采取委托加工的形式，史玉柱在当地找了一个加工厂，先付一点点定金，脑白金就生产出来了。

在 2000 年以前，华弘药业一直是上海健特的合作方，为上海健特生产脑白金。"我们一直是合作生产，2000 年 3 月，我们收购了江苏一个地方负债率很高的药厂，才有了自己的生产线。""保健品跟药品不一样，是可以委托加工的，药品达到 GMP 以后，也是可以委托加工的。加工过程中，我们觉得也需要一个基地，慢慢付点现钱，也就接手这个工厂管理了。最后就把它盘下来了。"

脑白金推出来之后，迅速风靡全国，早在 1999 年 7 月，脑白金就已经开始为史玉柱换取利润了。到 2000 年，旺季的时候，月销售额是千万元的量级。2000 年的销售额已经超过 10 亿元。脑白金的成功使史玉柱在短短两年后就还清了 2.5 亿元的巨额债务。

史玉柱告诫中小型企业：困难时千万别转行，要坚持在自己熟悉的这个老本行上。史玉柱调侃道："男人都有一个体会，老是觉得别人的老婆漂亮，其实自己老婆可能是更漂亮的。这个时候你自己的行业是你最了解的，你的核心竞争力是最容易形成的。在最困难的时候最理想的办法就是坚守自己的行业，在原来的行业怎么样提高自己的核心竞争力，核心竞争力不足的时候，怎么样吸引新的竞争力。因为你到别的行业你几乎是从零开始，你看到别人的老婆漂亮，跟自己的老婆离婚后，别人的老婆可能也不要你。"

"巨人"：从来没有放弃过

对于"巨人"这个品牌，史玉柱说自己从来没有放弃过。2000年，史玉柱依靠脑白金重出江湖，并悄悄将公司注册为"上海健特"。"这是巨人的英文发音"，史玉柱这样解释道。

史玉柱说，他在上海松江买了一块长1公里、宽1公里的地，盖了一个总部，2008年就会把所有业务搬过去。"不过，这次我修房子不敢修高了，修矮的，只有3层。"

珠海的巨人大厦还盖不盖了？史玉柱说："我内心来讲很想盖，实际上我在几年前就有这个能力盖了。但我给自己定一个规定，不该自己做的事不做。现在我给自己定的方案：不做房地产，再赚钱也不做。"

史玉柱失败之后，"巨人"名号一直没有再大规模使用。直到推出《巨人》游戏和给公司更名。2007年9月21日，史玉柱宣布启动旗下第二款大型网络游戏《巨人》两个版本同时内测，并且他表示，随着《巨人》的启动，上海征途也将更名为"巨人公司"。

2007 年 10 月 11 日，史玉柱将主营游戏的上海征途网络有限公司改成一个众人耳熟能详的名字：上海巨人网络有限公司。至于为何要更名，史玉柱做出了解释："巨人的名字我在投资领域一直在用，投资民生银行、华夏银行的上海健特，就是巨人投资公司的合资子公司，IT 领域一直没有用。当年是在 IT 起来的，虽然倒下去了，但这个情结还是有的。现在认为在 IT 这块初步成功了，所以又可以用'巨人'了。毕竟是人生的第一个公司，有感情在里头。"

史玉柱表示：从商业价值上，更名未必是完全理智的行为，更多的是从个人感情的角度考虑。

史玉柱指出，因为巨人给大家留下的是一个失败的印象，"哦，巨人，是个失败过的东西，谁知道它哪天会不会再失败"，给人一种不安全的感觉。你要说联想，大家会觉得，很坚实啊。但一说巨人，说不定哪天又倒了。

史玉柱说："即使我不用巨人这个名字，但只要我说史玉柱，别人还会说你是巨人，所以，与其这样，何必呢？因为我觉得巨人毕竟它是一个经营上的失误。一个公司，一个群体，它进入了波折之后，如果能再起来，这是一件好事。"

史玉柱进入网络游戏行业，开发首款游戏《征途》获得巨大成功，成为同类网游排名第一的产品。史玉柱的"新巨人"已经站立起来。

"虽然保健品帮助我们重新站起来，但我和我的团队一直属于 IT 行业，我们也一直希望能回归到 IT 领域中来。"史玉柱说。他对巨人的信心一方面来源于《征途》所取得的成功，另一方面也源于对新游戏《巨人》的自信。

"我过去心里特别自信，现在不是那样了。我变得老是怀疑自己，但骨子里的确自信。"

2007 年 11 月 1 日，巨人网络以其高调的姿态在纽交所上市。其上市时间也给人以猜想，"11·1"上市的日期中出现了三个"1"，蕴涵了史玉柱的"巨人情结"及对第一的企望与追求。

老百姓的钱一定要还

2000 年 1 月 28 日，一家名为"珠海市士安有限公司"的公司在珠海本地媒体上打出收购珠海巨人大厦楼花的公告，称以现金方式收购珠海巨人集团在内地发售的巨人大厦楼花。收购公告一出，引起珠海市民关注。收购时间为 1 月 29 日~2 月 15 日。珠海巨人大厦海内外"楼花"的钱是珠海巨人集团公司的债务，为何"珠海市士安有限公司"去"还钱"。

有媒体人士多方采访后发现，收购楼花的"士安公司"注册资金只有 50 万元，且 2000 年 12 月 21 日才注册，除了替史玉柱还钱之外，干不了什么别的事。收购公告引起的种种议论和猜测，终于把史玉柱"推"到前台。2001 年 2 月 2 日，史玉柱在接受媒体采访时做出了解释："从法律上来看，我们只能采取由第三方收购的方案。"

史玉柱表示，"士安公司"就是自己的公司，是刚刚注册的。它的历史使命就是还钱，还完钱以后，这个公司的历史使命就完成了。

珠海巨人集团的债务主要由三部分组成：在香港所卖的楼花、在内地卖的楼花，以及内地法人间的债务。涉及金额分别为 9000 多万港元、5000 多万元人民币和 1 亿元人民币左右。

史玉柱说："我是在 2000 年 1 月 28 日在《珠海特区报》刊出公告的，以分期支付或一次性支付两种方式供选择，以当年'契约'编号为序，从 1 月 29 日～2 月 15 日，完成还款。珠海还款的 5000 多万元先汇入银行，还款处设在银行门口，办完手续，银行开出存折或支票。这几天，珠海大概有两千零几个老百姓拿回了当年的钱。"

其实，在此之前，史玉柱已经在香港开始还钱了。香港有 140 位，要还港元 9000 多万元，相当于人民币 1 亿元。"是以个人名义还，还是以珠海巨人集团名义还我记不清了。目前，已经有 80% 的人还了，还有 20% 的人可能移居海外了，现在正在找，什么时候找到，什么时候还。不过，在香港开始还款时，没有做过广告，只是按照契约地址去通知。"

虽然史玉柱的新公司发展势头不错，但要拿出 1.5 亿元来还债，毕竟不是个小数目。钱从哪儿来？史玉柱说，自己是借钱还债。"4000万元是向上海绿谷集团吕松涛借的，1.1 亿元是上海健特公司做脑白金的利润。上海健特公司一下子支出这笔钱，应该承认目前资金很紧张。"

史玉柱表示，自己是向上海健特公司借了 1.1 亿元。史玉柱给人的感觉像是"拆东墙补西墙"，健特又凭什么要借给史玉柱那么多钱。史玉柱说基本上靠经营实业赚取的利润。"我以个人名义把它借出来，因为新的企业上海健特和过去没有关系，它没有责任还钱。"

史玉柱说："1999 年 7 月健特公司成立的时候，就有过一个协议，交由我来决策，如果失败了我偿还本金，如果发展起来了要借 1 亿元给我用来解决珠海巨人大厦的问题。将来健特要上市，到那时我再用获得的收益还。"

珠海巨人大厦楼花内地售出部分的收购，2001 年 2 月 15 日是最后一天，这就意味着清偿珠海巨人集团欠款第一阶段告一段落。史玉柱打算把这一天作为他公开复出的日子。"我们过去是给老百姓打工，过去干的都是赚钱再给老百姓还钱的事。2001 年 2 月 15 日以后才真正开始干自己的事业。我们自己的事业现在还没有开始。""这样，我就完成了我人生两步走的第一步，之后的路才是重新开始。"

"老百姓的钱还清了之后，珠海巨人集团还有企业债务。我已经作了安排，将还在使用的 5000 万元投资的珠海巨人集团办公楼作价 2000 万元，投资 1.7 亿元，占地 45 亩已付清地价的巨人大厦工程抵作 1 亿元。'债转股'或者以其他形式，了结全部债务。"

2001 年 12 月 4 日，史玉柱在接受媒体采访时说道："上次见媒体时，我法人债务还没有还清，1 个多月前法人债务我彻底还清了，10 月份还清了，金额在 1.5 亿～2 亿元之间。个人债务，也在 1.5 亿元左右，资金已经全部准备好了，我们对外说是在 12 月 31 日前还清。但是我们会在 2001 年 12 月中旬，钱就会全部打到他们账号上去，现在正在核对他们的账号。下周债务就全部还清了。"

下周应该是 2001 年 12 月 10～15 日。史玉柱所说的"下周债务就全部还清了"是指欠那些购买了楼花的人们债务的最后一部分。

2001 年 12 月 14 日史玉柱表示："我们现在已经完成了 80%，其他的一些法人，主要是当时一些代加工伙伴，我们正在全力地去找他们，具体操作方案，多方都在考虑。我们尽量能够制定出一个为人家接受的方案，在明年 2 月底应该都可以得到解决。

"不是还现金，因为珠海巨人集团本来在珠海还有资产，买楼花的债务解决完了之后，其他的资产基本上是 1.5～2 倍于欠的债了，偿还法人债务基本上都在 1 ：1 以上，大楼是最大的一块。"

中央电视台《对话》节目主持人王利芬高度评价了史玉柱的还款行为，她说："我认识很多朋友，他们对史玉柱个人的人格魅力非常佩服，而且他们对于史玉柱一复出，就始终在想要还老百姓的钱这一点非常感动。"

王利芬送给史玉柱一句话："当你想好了怎么去赢的时候，整个世界都会为你让路。"

"背着污点做不了大事"

2001 年，这一年中间，要问史玉柱最大的事情是什么，史玉柱的回答肯定就只有两个字"还债"。至于原因，史玉柱说道："因为我们总债务是 2 个多亿。我在珠海巨人集团刚陷入困境，一大堆记者，一下几十个媒体涌到珠海的时候，就是涌到我们办公楼里面的时候，当时媒体就问我一句话，就是你欠这些老百姓的钱怎么办？当时我说：'我很负责任地说，这个钱，老百姓的钱一定要还。'"

自从巨人集团倒下的那一刻，还钱就成为史玉柱和他的追随者们心中最深的痛，也是他们卧薪尝胆的第一个目标。"这些年我压力最大的就是这个。这些年很多人问我，将来的目标是什么？我说将来的目标谈不上，现在的目标很清楚，就是合法经营，获取利润。获取利润干什么？把老百姓的钱还上。然后才能谈我的发展。我给自己定为两步走。"

在背债的过程中，史玉柱表示也曾经动摇过，"在最困难的时候，连自己的正常运作的费用都没有。"钱最少的时候，坐出租车的钱都不够，要坐公共汽车。在这种比较艰难的情况下，史玉柱依然坚持要将2个多亿债务还清，是什么促使史玉柱继续背那么多的债？史玉柱说："我想通过个人的努力，使我的良心各方面得到平衡，我觉得我尽了努力了。"

史玉柱表示，前几年，有时候走在外面，总感觉到四处有人盯着我。虽然他们不一定能够认出我来，但是，肯定是觉得很脸熟，不自觉地盯你几眼，这种感觉特难受。就像是做错事被人盯着一样。

珠海巨人集团是一个有限责任公司。在中央电视台出镜时，IT名人张树新曾经对史玉柱说，你其实是不用还钱的。从法律角度上说确实是如此。股份有限公司或者责任有限公司是不必承担经营风险的无限责任的。如果珠海巨人集团申请破产，史玉柱个人并不必承担债务。珠海巨人集团破产的记录对史玉柱再创业的负面影响可能也是微弱的，为什么史玉柱要坚持还老百姓钱。

史玉柱表示，当时珠海巨人集团要宣布破产很容易的。但是这样对老百姓非常不公平，还的钱特别少。别说是70%了，如果拿现金的话，可能最后有10%。把巨人大厦这些资产急于拍卖的话，那会是很低的价格，可能10%都不到，只有百分之几。

史玉柱认为，作为一个民营科技企业家，要有一种社会责任感。"是我的错就要敢于承担。再说欠的是老百姓个人的钱呀！另外，我忘不了在最困难之时，浙江大学几位大学生写的信，他们希望我这个校友不要让创业的大学生失望！正是这些鼓励，我今天才会有钱还，才能再站起来！"

在中央电视台的一次访谈节目中，柳传志也对史玉柱的还钱行为大加赞赏。柳传志说："我知道这 1.5 个亿不是一个小数目。今年比如说我们公司能挣七八个亿那是很多年修行过来的，1.5 个亿，联想熬了七八年的时候才挣两三千万一年。他 1.5 个亿，就拿了这么大的本钱。我现在还不知道史玉柱多大道行，但我认为史玉柱不是为了炒作或者做什么东西，我认为他是诚心。"到 2001 年，拿出 2 亿多元还债，史玉柱已经不心疼了。

史玉柱说道："2 亿多元对我已经不算什么。拿出 2 亿多元还债，对我们公司运营，已经不构成什么影响。与其账上多 2 个亿，还不如把这个心病给除掉。巨人大厦毕竟是我自己惹出来的，而且，那里面危害的都是老百姓。"

"我这个人也不是特别爱钱。钱就是个工具，能用来投资做事情，与其投资做别的项目，还不如先用钱将我原先未做完的项目给解决了。这样，再做其他事会更踏实一点。"

史玉柱表示，对他压力最大的，是老百姓的钱，那个压力最大，因为都是个人的钱。史玉柱觉得自己对不起他们。珠海巨人集团的残留问题，成了史玉柱超越自我、重新开始而不能绕开的坎。除了道义之外，还钱也是史玉柱一个很现实的考虑。"我是站在商人的角度，那我这个钱如果不还，我以后也做不大，除非我不做大了。"史玉柱觉得从商业和道义两个角度来考虑，自己都必须把这个钱还上。因为史玉柱坚信自己将来还是要做大事的，而背着污点做不了大事，谁都会说："这个人把公司搞得一塌糊涂，欠老百姓钱也不还。"这样的话你将来什么事都干不了。

史玉柱刚还完钱之后就已经亲身体会到了这种信用的值钱。"我最近有一个体会，我还完债之后，最近就有银行找我们公司贷款，找我们贷款，他就提一个条件，一般都要抵押。他说我不要抵押，就你史玉柱在这个公司贷款上，以个人名义给我做一个担保，我就贷钱给你。"

　　准确地讲，一个企业处于信用危机之中，是难以"运营"的。重建信用，远非重建一座大厦、一家公司所能比拟的。巨人的重新崛起就离不开史玉柱的重树信用。

附录

史玉柱精彩语录

★舍得舍得，有舍才有得，大舍才大得。舍去面子，得到实在；舍去权力，得到逍遥；舍去烟酒，得到健康；企业做的事越少，事才能做得更精；朋友交得越少，友情才能更亲密；对部下舍得付出，才能得到部下敬重；对女友舍得甜言蜜语，才能得到女友芳心。

★祸兮福之所倚，福兮祸之所伏。大成功是靠大痛苦浇灌成的。大挫折是为大成功作准备的。小平没有三落，不可能成为总设计师。中大奖者，其后生活往往并不快乐。纵观人一生，总快乐＝总痛苦。我们需要一颗平常心。得到快乐时，别忘形，后面有同样大的痛苦等着你呢。

★何为富贵？无须向别人折腰，则为贵；无须向别人伸手，则为富。因此，不能以地位高低论贵，不能以财富多少论富。巴结领导的官员，非贵人也；大量借贷的富豪，非富人也。真正的富贵之人往往在平民百姓中，媒体上的常客往往是不富不贵、富而不贵、贵而不富的三种人。

★实业家和资本家的区别：实业家要善于发现机会，果断抓住机会，组织人力财力，把每个细节做到极致；资本家要抵挡诱惑，耐心等待机会，直到金子出现在脚下，才轻轻弯腰捡起。实业家创造社会财富，资本家优化社会财富。中国的实业家成功后，往往都不自觉地向资本家过渡。

★一个企业家告诉我："我付了 1200 万元请了个策划大师，为企业做一套策划。"我惊讶："这么贵？"他说："他成功策划了你东山再起，我才请他的。你和他很熟吧？"我摇头："没你熟。我压根就不认识他。"号称策划巨人东山再起的有 10 多号人。策划只能靠企业自己做，外人不可能更了解你的产品和消费者。

★我觉得广告是公司的一个命脉，我就只抓这一项，这一项抓好了，其他的交给团队做，做得也还挺好的。这就叫作"纲举目张"。只要这个"纲"正确了、"纲"成功了，其他的都好办。

★所有这些策略、经验，都是我在失败中摸索出来的，交学费交出来的。以前我在珠海的时候做了很多失败产品，那个时候我同时推了 30 多个产品，除了脑黄金其他都是失败的，所以交学费交得挺多的。反正是，我觉得如果你要看教科书，你学到的是零，教科书里面是学不到东西的。

★你如果听有实战经验的人讲，能学个 5%~10%。真正剩下的还是靠自己干，自己在干的过程中摸索，在干的过程中去体会。

★哈佛营销第一法则：产品差异化，创造营销事件，让媒体作为新闻自觉去报道。

★如果没有价格上的优势与技术上的绝对优势，千万不要进入红海市场，否则你会必输无疑！

★要花大的精力建立一个连最基层的员工都可以看明白及易于操作的手册，尤其是《管理手册》和《营销手册》。

★不要总想着同竞争对手对立，而是要想办法让自己弥补竞争对手的不足。

★做连锁经营业务，一定要做一套傻瓜版的营销手册与管理手册，只有这样，才能实现远距离的管理。

★所谓人才，就是你交给他一件事情，他做成了；你再交给他一件事情，他又做成了。

★与其改变消费者固有的想法，不如在消费者已熟悉的想法上去引导消费者。

★当战略定好后，关键在于执行力，细节决定成败。

★在下班后，可以将员工当成伙伴，但上班时员工就是员工。

★人在成功时得出的经验都是虚的，只有在失败时的经验才是真叫经验，成功人站在高峰时是看不到真实的一面的！

★如果脑白金无效，就请告诉身边100个人。

★我每天待的地方只有3个，办公室、家和车里。

★团队核心成员有人要提出辞职时，不要挽留，既然提出了，他迟早是要走的。

★初中水平跟博士后没啥区别。只要能干就行，我一直是这个观点，不在乎学历，只要能干能做出贡献就行。

★对普通员工，首先考虑其利益，然后才是社会价值。

★90%的困难你现在想都没有想到，你都不知道那是困难。

★关系不是核心竞争力；关系是最靠不住的东西！

★不要为改变而改变，主要看改变的商业模式能提升什么样的价值。

★我先找到差异化，我的产品和其他的产品差异在哪儿？

★营销里面有个叫第一法则。你到哈佛去学习的时候，他会说一个案例。对美国人来说，谁是第一个飞越大西洋的人？一般都能回答得出来。但是问谁是第二个飞越的，就没人能回答出来了。谁是第三个飞越的？记得了。为什么？第三个是第一个女性飞越者，她拥有了这个第一。

★你一定要在你的品牌建设里面，把你的第一给挖出来，猛宣传那一点。

★宣传用什么手段呢？我建议别一上来就上电视。第一，报纸；第二，创造事件营销，让媒体作为新闻自觉去报道你，这样很省钱。

★不挽留的原因是这样的，一旦找你辞职，因为你做了一把手找你辞职，已经是定下来的。如果你挽留他，我觉得并不是最好的方法，我谈我的心理，我过去经常发生这种事，尤其越早期的时候，员工找我辞职，到干部找我辞职，前期我都是挽留的。后来10年下来，回过头，我挽留过的人最后一个都没有留下来，半年之后又走了，一年之后又走了。这时候我觉得最应该考虑两点，第一点，既然有员工找我辞职，我有没有问题，我的企业有没有问题，有问题马上修正。第二点，你要搞清他为什么走，我能为他做什么。但是重点不是在挽留他上，当下面下属都知道只要找老板辞职，老板是不挽留的，一般来讲再想通过辞职的方式来获取更高的薪水，这条路也就堵死了。

[1] 杨连柱 . 史玉柱如是说 [M] . 中国经济出版社, 2008.

[2] 吕叔春 . 史玉柱最有价值的商场博弈 [M] . 中国城市出版社, 2008.

[3] 艾祥, 邹尧 . 巨人归来 [M] . 中国城市出版社, 2008.

[4] 梅朝荣 . 中国最牛的营销大师史玉柱 [M] . 武汉大学出版社, 2008.

[5] 朱瑛石 . 沉浮史玉柱 [M] . 当代中国出版社, 2006.

[6] 何学林 . 成败巨人 [M] . 经济管理出版社, 2006.

[7] 彭征, 张路 . 巨人不死密码 [M] . 中国民主法制出版社, 2007.

[8] 王建, 王育 . 谁为晚餐买单——沉浮中的史玉柱和巨人集团 [M] . 广州出版社, 2000.

[9] 迟双明 . 史玉柱败中求胜的 66 金典 [M] . 当代世界出版社, 2003.

[10] 冯雷钢 . 和史玉柱一起创业 [M] . 工人出版社, 2009.

[11] 吴晓波 . 大败局 [M] . 浙江人民出版社, 2007.

[12] 田建华 . 创业教父史玉柱 [M] . 江苏文艺出版社, 2009.

[13] 张炼海 . 坚挺的"巨人": 史玉柱的营销观 [M] . 同心出版社, 2011.

[14] 刘艳静 . 江湖商人史玉柱 [M] . 现代出版社, 2009.

[15] 张勇 . 巨人神话史玉柱 [M] . 山西人民出版社发行部, 2010.

[16] 赵永璞, 赵鹏璞 . 史记: 是是非非史玉柱 [M] . 浙江人民出版社, 2010.

[17] 《赢在中国》项目组 . 史氏兵法: 史玉柱创业点评 [M] . 中国民主法制出版社, 2009.

[18] 田昌宇 . 史玉柱的创业智慧 [M] . 浙江大学出版社, 2010.

[19] 戴素菊 . 史玉柱的人生哲学 [M] . 浙江人民出版社, 2009.

[20] 张勇 . 史玉柱的营销江湖 [M] . 科学出版社, 2010.

[21] 周锡冰 . 史玉柱教你创业 [M] . 中国经济出版社, 2009.

[22] 冯雷钢 . 和马云一起创业 [M]. 北京: 中国工人出版社, 2008.11.

[23] 蒋云飞 . 赢在创业 [M]. 北京: 机械工业出版社, 2009.10.

[24] 袁坤 . 史玉柱巨人管理日记 [M] . 中国铁道出版社, 2010.

[25] 彭征, 姚志勇 . 巨人说史玉柱悟道征途 [M] . 华中科技大学出版社, 2010.

[26] 优米网 . 史玉柱自述: 我的营销心得 [M] . 同心出版社, 2013.6.

后记
HOUJI

　　毋庸置疑，在中国商业史上，史玉柱可以称得上是一个传奇式的创业人物。史玉柱不仅拥有成功的经验，更拥有失败的教训，这是众多创业大师所缺少的。

　　为了让大家看到一个全面、真实的史玉柱，在本书的写作过程中，笔者收集了关于史玉柱经历的大量资料，包括以前我们出版过的相关图书。本书在写作的过程中，很多资料的收集也得益于这些书籍中的宝贵资料，提供了很多之前本人不太了解的东西，特在此表示感谢！同时由于本书中一些引用没能及时联系原作者，虽然在文中进行了标注，但是如有建议和意见的作者希望能够及时与我们联系，我们将诚恳地接受宝贵意见。

　　同时本书用生动活泼的语言演绎了很多人物之间的对话，将事件的原貌生动地展现在读者面前，这也是本书区别于其他史玉柱相关图书的一大特点。

　　在本书写作过程中，笔者查阅、参考了大量关于史玉柱的众多文献资料，部分精彩文章未能正确注明来源，希望相关版权拥有者见到本声明后及时与我们联系，我们都将按相关规定支付稿酬。在此，深深表示歉意与感谢。

　　由于本书字数多，工作量巨大，在写作过程中的资料搜集、查阅、检索得到了我的同事、助理、朋友等人的帮助，在此对他们表示感谢，他们是周永山、王华德、任喜创、陈校莹、范其月、赵锋全、麦丽超、郭世海等，感谢他们的无私付出与精益求精的精神。